真。b）4 個体の顔模様の変

b)

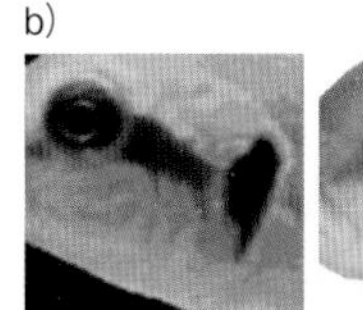
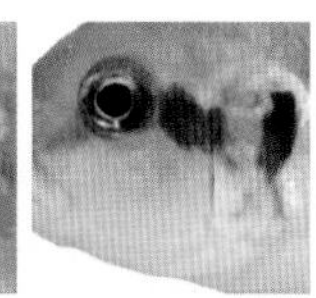
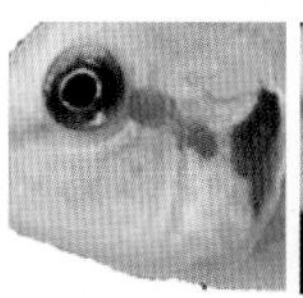
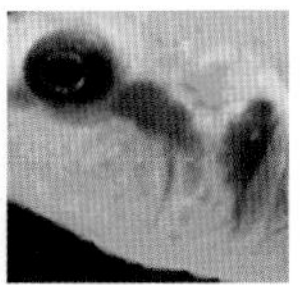

口絵２　ディスカスの顔認識実験。a）ディスカスの全身写真。全身に模様がある。b）顔（白）と胴体（灰色）。c）顔の模様変異。

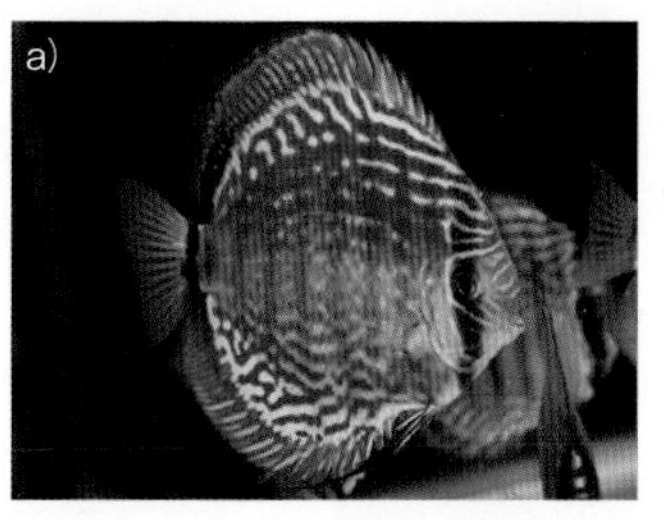

b)

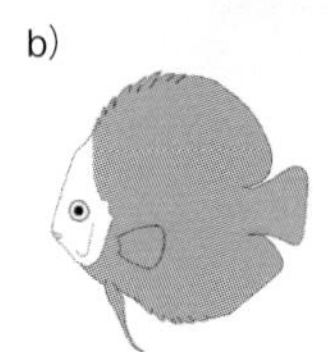

c)

口絵３　a）繁殖中のクーへの顔に現れる鮮やかな色彩模様（安房田智司撮影）。
b）古代魚ピラルクの全身写真と顔表面の個体変異。（PSawanpanyalert/Shutterstock.com）

a）

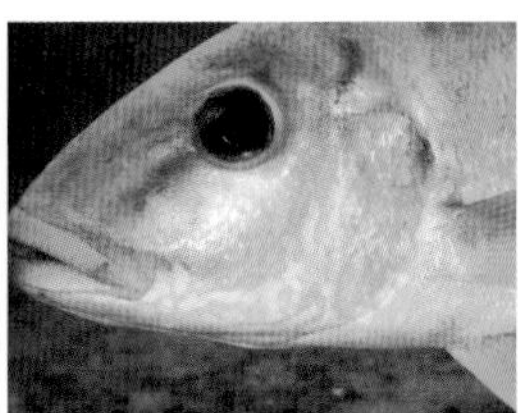

b）

口絵４　ホンソメワケベラの喉のマーク。a）茶色マーク。形、大きさ、色を寄生虫（ウミクワガタの仲間）に似せてつけている。b）マークの意味を調べる実験でつけた緑と青のマーク。ヒトの眼には寄生虫には見えない。

a）

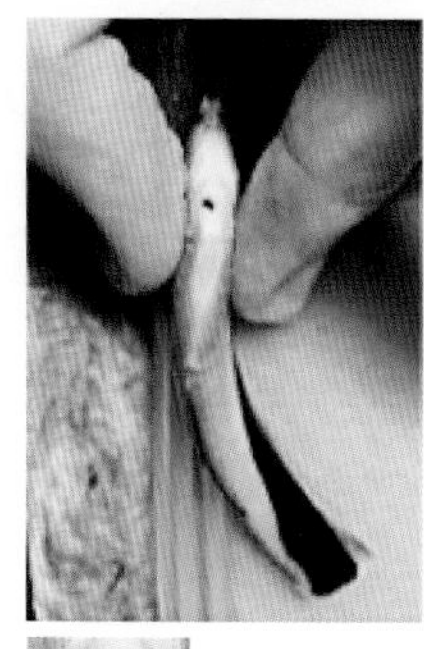

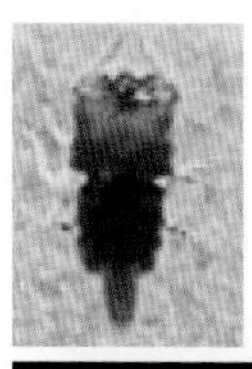

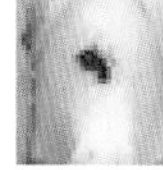

b）

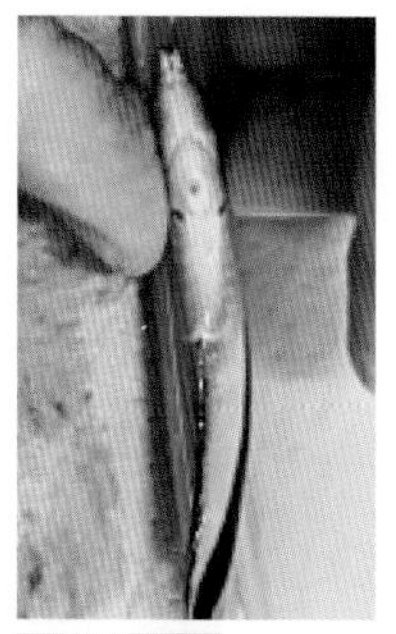

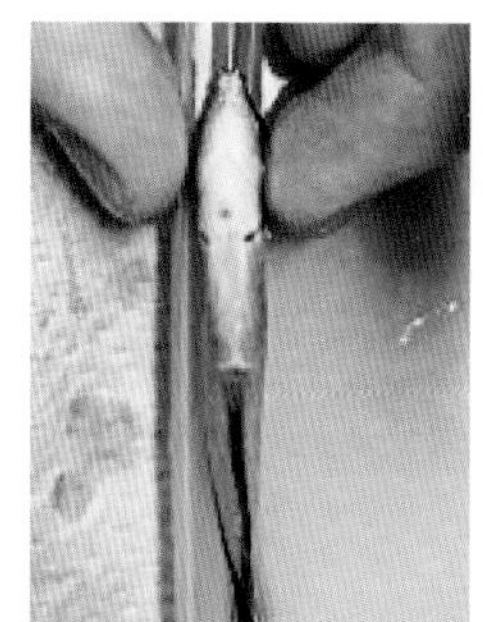

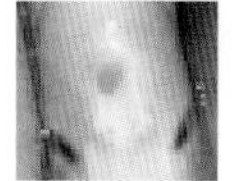

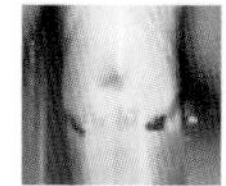

口絵５　カサゴをクリーニングするホンソメワケベラ。（山田泰智撮影）

口絵６　ホンソメワケベラの顔の色彩変異と全身写真。頬の辺りを中心にソバカス模様が変異を伴い散在する。

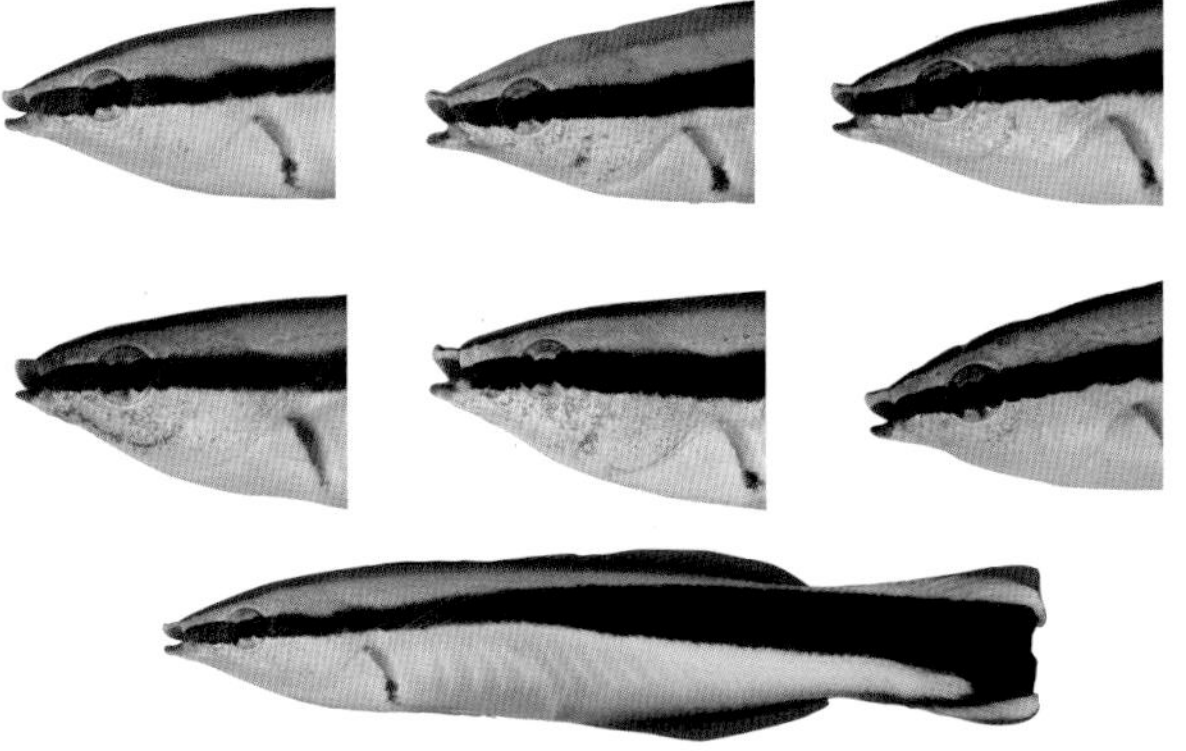

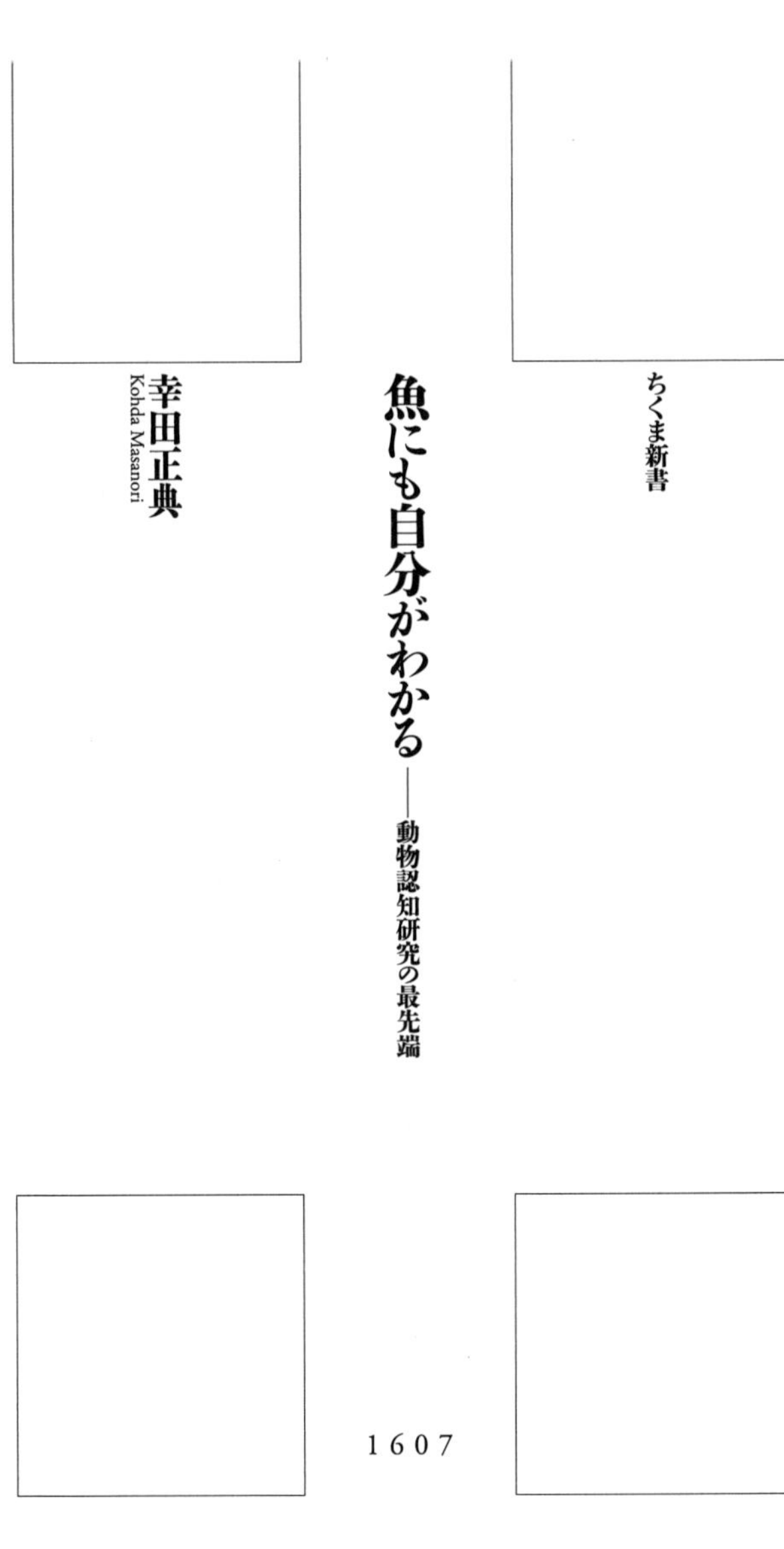

ちくま新書

魚にも自分がわかる

――動物認知研究の最先端

幸田正典
Kohda Masanori

1607

魚にも自分がわかる——動物認知研究の最先端【目次】

第六章 魚とヒトはいかに自己鏡像を認識するか？

はじめに

ホンソメワケベラという小さな熱帯魚が「鏡に映った自分の姿を見て、それが自分だとわかる」という研究を、ここしばらく行ってきた。その研究の、きっかけ、失敗談、発表するまでの苦労などの研究の過程を中心に、さらにその結果から見えてくるものを、書き下ろしたのが本書である。魚が自己認識できる、あるいは自己意識や自意識を持つという、あまりにも常識からかけ離れた主張であり、「ほんまかいな」と思われる向きも多いことだろう。そう思われる方にこそ、ぜひ本書を読んでいただきたい。

これまでの、そして現在の世界の自然観や動物観は、人間が頂点にあり、知性や社会性などにおいて、順に霊長類、その他の哺乳類、鳥類、爬虫・両生類、魚類と劣っていく、あるいはより原始的な存在であると見なしている。その底辺に置かれる魚類に至っては、本能的にしか生きられず、感情すらないと見なされていた。もっと言うと、10年前までは痛みさえわからないとされていた。そのような、しかも10㎝に満たない魚が鏡を見て自己を認識できるというのだから、にわかには受け入れられないのは無理もない。

しかし、本書を読めば、おわかりいただけると思う。これまでのヒトを頂点とする価値体系がおよそ間違っているのである。脊椎動物（せきついどうぶつ）は、形態や知覚だけではなく、知性の面でも連続的であって、決してヒトや類人猿だけが特別な存在なのではない。控えめにいって、人と動物との間にはルビコン川はないというのが私の立場だ。

本書は動物に対する感情移入や擬人化による思い込みとは、もちろん無縁である。都合のよい資料や解釈では話にならない。きちんとした仮説検証の結果に基づいているし、そうでない場合はきちんと断っている。

魚が鏡像自己認知できることを示す最初のデータが出てきた今からおよそ10年前、スウェーデンで開かれた国際学会で発表を計画した。残念ながら直前に私が病気で行けなくなり、共同研究者の武山智博（たけやまともひろ）さん（現岡山理科大学）とアレックス・ジョーダンさん（現マックス・プランク研究所）が、代理で発表してくれた。そのときは、研究方法の問題や結果の解釈などに批判が集中し、まともに内容を受け取ってもらえなかったそうだ。発表後、アレックスは個人的に酷（ひど）く突っ込まれ、「僕も魚が鏡像自己認知できると信じていない」

と言ってその場を乗り切った、と帰国後私に明かしてくれた。

しかし、実験結果は小魚にも鏡像自己認知できることを示している。小魚の自己認識や自己意識など馬鹿げていると言われても、小魚は自分がわかっているのだ。おそらくこれは、あまりにも常識を逸脱した研究が経験する試練なのだろう。まさにガリレオの心境だ。「汝(なんじ)の発言は神を冒瀆するものであり、断じて許されない」と裁判官に言われ、その場では謝罪と改悛の情を見せつつも、帰り道、「それでも地球は回っている」と言ったという、あの有名な逸話である。比べるのもおこがましいが、当時の我々はそんな心境であった。

しかし、その後、この研究は論文として発表され、批判だけではなく、賛同の声も数多く挙がりだす。さらに研究を続けると、むしろこれまでの「魚はバカだ」という考えこそが間違いであることがわかってきた。現在、その研究はさらに進んでおり、それらも併せて紹介したい。

第一章では、ヒトを含めた脊椎動物の脳の捉え方の歴史を振り返りたい。賢さを考えるには、脳の理解は避けては通れないからだ。実は前世紀までは、哺乳類の脳が優れ、魚類の脳は最も原始的とされていた。現在の脊椎動物の脳の捉え方とは、まったく異なっていた。ここでは、現在の魚類の脳の正しい捉え方を述べる。

第二章では、魚が相手個体を個別に認識するとき、どのようにして行うのか、我々が調べた結果を述べる。我々ヒトは、視覚で相手を区別するとき、相手の顔を見る。驚かれると思うが、どうやら多くの魚類が、ヒトのように相手の顔を見て行っていた。

第三章では、これまで動物でなされてきた、鏡像自己認知研究の流れを振り返る。

第四章以降は魚類の鏡像自己認知の話題になる。まず第四章では、魚の鏡像自己認知の研究のきっかけ、失敗、成功や苦労話など、我々の研究の流れと実態について述べる。

第五章は、その後出された様々な批判に対して行った研究を述べる。むろん、ほぼすべての批判は、我々の実験で反論できるし、むしろこれまでの研究方法の批判を展開することになる。

第六章では、魚がいかにして鏡像自己認知をしているのかという、さらなる問題を明らかにする。魚独自の方法でしているのか、あるいはヒトと同じように、顔を見て行っているのか？　どちらの可能性かを検証した。最後に、魚の自己意識や「こころ」の問題にも触れている。

第七章では、魚類や動物の自己意識のあり方についてさらに考察している。最後に、魚がどのタイミングで鏡像自己認知をするかという問題に取り組む。そこから、魚が「わかる」「ひらめく」という、さらに踏み込んだ最新の話もする。

魚類の自己意識に関する問題に取り組んでいるのは、世界でも我々の研究室（大阪市立大学理学部・動物社会研［通称］）だけである。我々の研究成果は、これまでの常識と大きく異なり、魚の自己意識、その他のいくつかの「賢さ」、そして「こころ」さえも、どうも人間とかなり近い面があることを示している。これまでの常識を正すときが来たのかもしれない。

本書では、これらの研究の臨場感も伝えつつ、仮説検証型の研究の進め方の醍醐味を一緒に体験していただければと思っている。動物の賢さについてのあなたの常識をひっくり返したい。このような内容であるが、決してかたくはない。面白いことは請け合う。

第一章 魚の脳は原始的ではなかった

ヒトや動物が外界の物事をどう知覚し、認識し、行動するのか。その過程は、脳の内部構造や神経回路網に大きく依存している。このため、脳がどうなっているのかを正しく理解しておくことは、動物の行動や認知を理解する上で大切である。

本章では、脊椎動物の脳の進化がどのように捉えられてきたのか、その歴史を、動物行動学の歴史と合わせてはじめに見ておきたい。

その理由は、今世紀に入って脊椎動物の脳についての理解が、それ以前とまったく変わってしまったからである。このため、脳研究の歴史の話を抜きにしては、動物の行動や認知の研究の流れを語ることができないのだ。しかしながら、最先端の脊椎動物の脳研究の成果はあまり知られていない。特に私と同年代の読者にとってははじめて聞く内容だろうし、非常に驚かれる方が多いことかと思う。

魚の脳とヒトの脳は、前世紀まではまったく別物だと思われていた。しかし、事実はむしろその逆で、似ている、あるいは同じであるとわかってきたのだ。

1 脊椎動物の脳の捉え方の歴史

†前世紀の脳の捉え方

私が大学に通っていた1970年代後半、脊椎動物の脳の進化に関する諸学説は、現在のものとはまったく異なっていた。当時、私（1957年生）は脊椎動物の脳とその進化について、次のように習った。

・脊椎動物の進化の初期段階である魚類には、単純な構造の脳しかない。ワニやトカゲなどの爬虫類、さらにネズミやイヌなどの哺乳類と進化が進むにつれ、新しい脳が付け加わってきた。
・霊長類などの哺乳類の段階になって、さらに複雑な働きを持つ大脳新皮質が付け加わり、現在の進化した賢い哺乳類の脳ができた。

この考え方は、提唱者ポール・マクリーンの名をとり、「マクリーン仮説」（三位一体仮説）と呼ばれている。具体的にいうと、最も古い脳器官は、自律神経の中枢である脳幹と大脳基底核からなっており、爬虫類脳と呼ばれた。原始的哺乳類に進化した段階で、海馬・帯状回・扁桃体といった大脳辺縁系からなる旧哺乳類脳と呼ばれる脳が付け加わる。さらに、最後に大脳新皮質が付け加わったのが、新哺乳類脳と呼ばれる脳である。爬虫類脳は、生命維持や本能をつかさどる機能を持ち、旧哺乳類脳はさらに感情を持ち合わせ、最後の新哺乳類脳で、学習・判断・思考など知性や知能の源泉である高次の脳機能の中枢が加わったとされたのだ。脊椎動物の脳は祖先になるほど原始的で単純である、というわけだ。

しかも、マクリーンの仮説には魚や両生類は出てもこないのだ。魚などおよそ蚊帳の外である。当時の教科書ではマクリーン仮説が正しいとされており、講義でもそう教えられたし、私もそうなのだと思っていた。

†前世紀の動物行動の捉え方

そのころ、動物の行動は、「生まれながらの本能行動か、それとも学習か」という、二律背反的な捉え方で理解されていた。「こころ」の存在を認めず、行動だけから行動原理を理解する行動主義心理学が主となり、魚類については、学習はできてもごく簡単なもので、その行動は主に本能行動だと見なされていた。逆に哺乳類、特に霊長類は学習能力が

図 1-1 脊椎動物の賢さについての、従来の捉え方の模式図

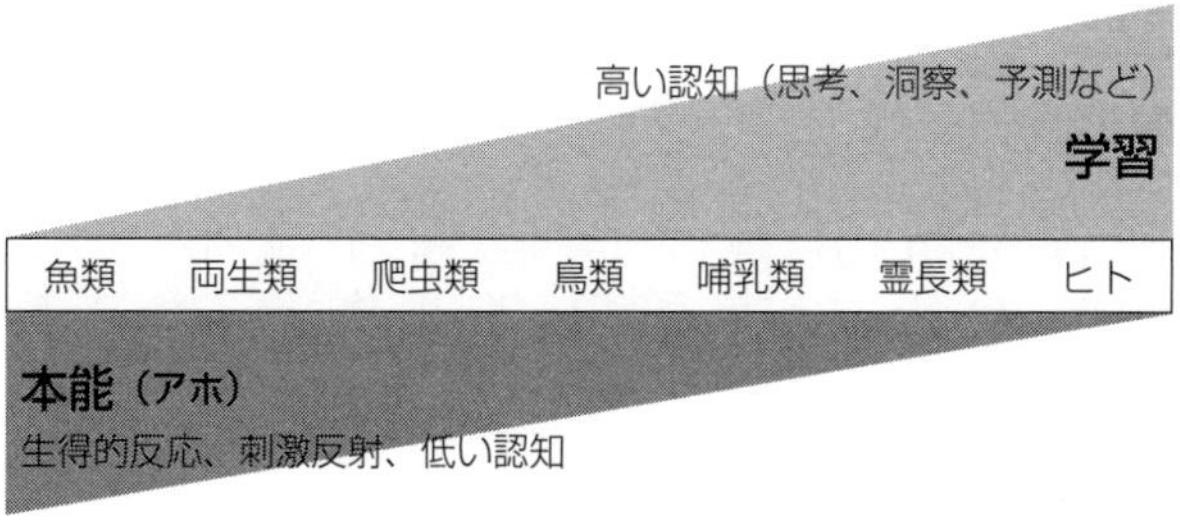

高い認知（思考、洞察、予測など）

学習

魚類　両生類　爬虫類　鳥類　哺乳類　霊長類　ヒト

本能（アホ）

生得的反応、刺激反射、低い認知

高く、認知能力も発達していると見なされていた。この考えは、マクリーン仮説とよく対応している（図1-1）。

そして、1975〜80年ごろ、動物行動の仕組みに関する新しい考え方として、「（古典的）動物行動学」が国内で紹介された。本能行動の具体的なメカニズムを説明する一つの考え方である。初代日本動物行動学会会長である日高（ひだか）敏隆（としたか）さんが、講義や教科書のほか、著書や訳書を通してこの考え方を広く紹介した。日本の行動研究の世界に、刷り込み、鍵刺激、生得的解発機構、プログラムされた行動、といったこれまでになかった新しい言葉が入ってきた。当時の我々にはとても新鮮だった。

古典的動物行動学では、「刺激に対する反射的反応の連鎖として起こる、生得的に決められた行動」を重視する。この考え方がよく当てはまるのが、脊椎動物では魚類や鳥類である。これは、マクリーン仮説とうまく一致していた。

魚や鳥は、脳の構造が単純なので、複雑な認知や行動はできないと見なされたのだ。だから、「こころ」などは想定せず、動物行動を刺激に対する反射の連鎖と見なす動物行動学の説明は正しいとされた。これが、当時としては自然な解釈だった。

鍵刺激の最も有名な例は、トゲウオの攻撃行動だろう。繁殖期になると、腹部が婚姻色で赤くなったトゲウオの雄は、産卵巣の周辺に縄張りを持ち、そこに入ってくる同種雄を攻撃する。縄張り雄は、何に基づいて侵入魚を攻撃するのかを調べた実験がある。動物行動学を築いたニコ・ティンバーゲン教授の約70年前の研究である。本物そっくりに石膏で作ったトゲウオの雄のモデルを縄張りに入れても攻撃はしない。しかし、石膏の塊でも下半分を赤く塗ったモデルだと、雄は攻撃するのだ。このことから、トゲウオの雄は侵入者を同種雄として認識するのではなく、赤い下腹部が鍵刺激となり、反射的に攻撃行動を起こすのだと考えられた。教授は、動物行動学の一連の成果により1973年にノーベル医学生理学賞を、ローレンツ、フリッシュとともに受賞している。もちろん、受賞当時もマクリーン仮説が正しいと見なされていた。

最初の私の研究は、古典的動物行動学にどっぷり浸かっていた。サンゴ礁魚を対象に、攻撃行動の鍵刺激について研究したのだ。セダカスズメダイという藻類食の小型の魚は、サンゴ礁や浅い岩礁域に棲み、餌を守る縄張りを持つ。面白いことに、同種だけではなく、同じく藻類を食べる多くの魚種も攻撃するのだ。これは理にかなっている。餌の競争者を排除しないとすぐに餌の藻類は食べ尽くされてしまう。一方、甲殻類や小魚だけを食べる肉食魚は排除しない。これも理にかなっている。餌が競合しない肉食魚が入ってきても餌の藻類は奪われない。では、どうやって両者を見分けているのだろうか。

彼らは侵入魚の体型で見分けている、というのが私の結論である。サンゴ礁の平たい体型の魚には藻類食魚が多く、逆に細長い魚には肉食魚が多いのだ。実際、プラスティックで作った平たい形の魚のモデルは攻撃するが、細長い魚のモデルには攻撃しない。この結果から、セダカスズメダイの攻撃を引き起こす鍵刺激は、侵入魚の平たい形であると私は結論した。

実験や観察結果から、当時この結論を導くのに問題はなかった。原稿をドイツの動物行動学雑誌に投稿したところ、3週間という早さで受理された。1981年のことである。この私の解釈も、魚の脳は単純だという当時の考え方と、もちろん一致している。

おかげさまでこの研究は、当時国内外から高評価を受けた。しかし、告白すると、この論文が出た後も、この結論でほんとうに良いのだろうか、との思いが私にはずっとあった。

というのも、その後スキューバ潜水し、じっくりと魚の行動を観察すればするほど、彼らは物事がもっとよくわかっている、と思えてならなかったからだ。しかし、当時は魚の脳は単純であり、だから本能行動をするのであって、物事が何であるかを判断し、解釈する認知能力を魚類が持つなど考えられない、とされていた。

†今世紀に入ってからの脳の捉え方

さて、脳の話に戻ろう。今世紀に入ったころから、動物の脳の研究が大きく転換していく。マクリーン仮説が間違っていることがわかってきたのだ。図1-2には、前世紀までと、今世紀に入ってからの、脳の進化についての考え方を模式的に描いてある。

Aは前世紀の間違った考え方で、先に説明したマクリーン仮説に沿っている。単純な魚の脳に、少しずつ新しい脳が付け加わり、哺乳類の最も複雑な脳ができたというのである。

正しくは、下の図Bだ。魚類の段階ですでに大脳・間脳・中脳・小脳・橋・延髄と、脳は完成しているのである。そして、この6つの脳の構造は、魚からヒトに至るまで脊椎動物のなかで共通している。つまり、ヒトの脳の構造と魚類の脳構造は、なんと同じなのである。新たな脳が付け加わることなどない。ただし、図1-2が模式的に示すように、動

図 1-2 脊椎動物の脳の進化についての前世紀（A）と今世紀（B）の捉え方。前世紀には魚類の単純な脳に、新たに脳が付け加わって進化したと見なされた。今世紀では、魚類の段階で、大脳・間脳・中脳・小脳・橋・延髄と、脳の構造は完成していると見なされる（ただし、各脳のサイズや形は異なる。魚の大脳にも大脳新皮質に相当する領域がある）。（Emery and Clayton 2005 を改変）

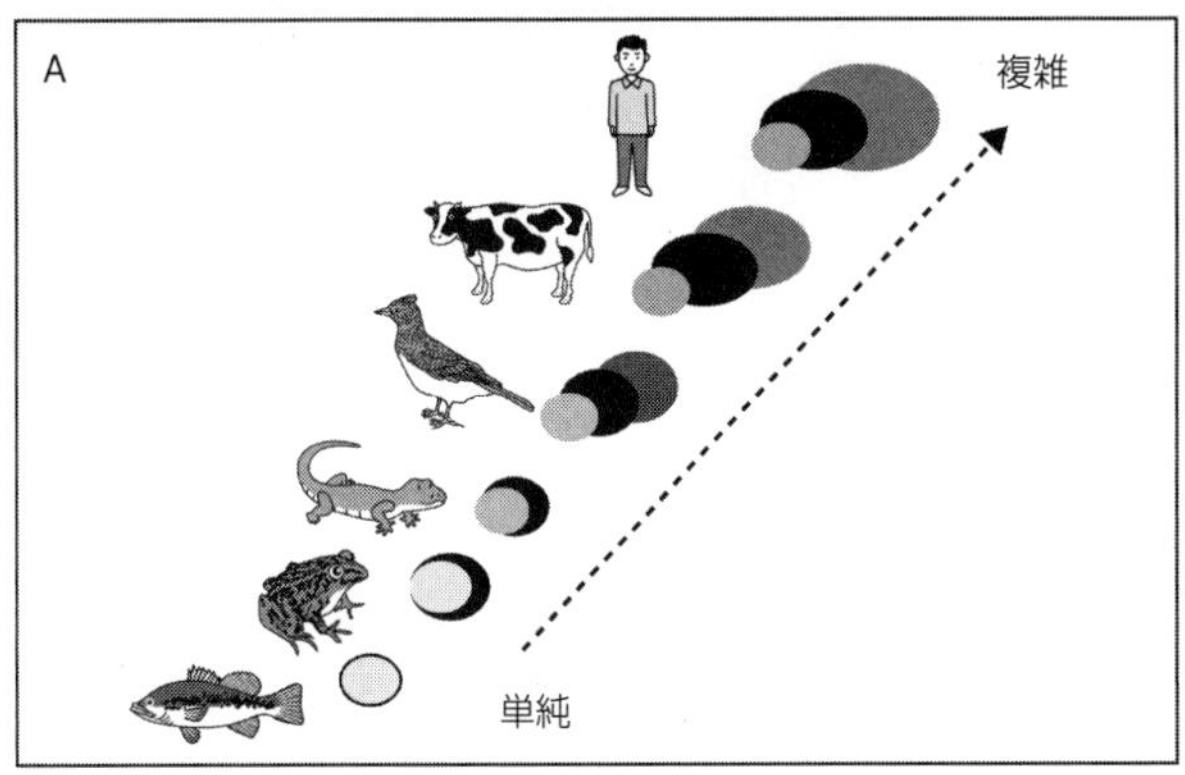

前世紀の捉え方（間違い）

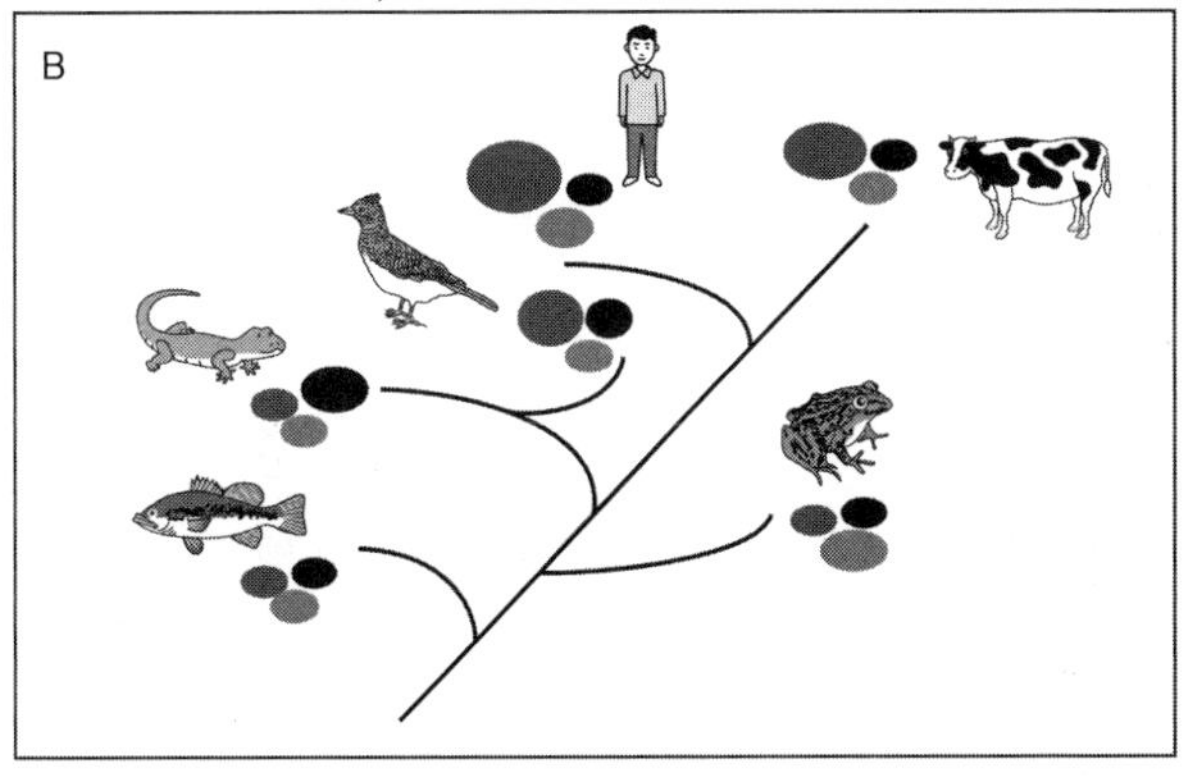

新しい捉え方（事実）

物群間での脳の大きさや形、そしておそらく内部構造も、多少なりの違いはもちろんある。

詳しい読者からは、「哺乳類にある大脳新皮質は魚類にも鳥類にもない。だから哺乳類になって付け加わったのではないのか」、との批判が出そうだ。実は、哺乳類の大脳新皮質は6層の構造をし、大脳の表面を覆っているのだが、鳥類ではその部分が層ではなく大脳の中に固まりとして存在していることがわかった。この部分は、大脳新皮質と起源は同じであり、相同なのだ。そして、その機能もどうやら大脳新皮質と同じであり、入力された信号を統合処理し、出力しているのである。さらに、最近になり、この大脳新皮質に相同な固まりが、魚類の大脳にも存在することがわかってきた。

2　魚類の脳と脳神経

†ヒトと祖先魚類の脳神経

現在の魚とヒトの脳の構造は同じだとわかってきたが、ではこの脳の構造はいつごろできたものなのだろうか。脊椎動物の祖先の脳の化石が発見されている。

脳から感覚器官などに直接出ている神経は、脳神経と呼ばれている。これを通して感覚情報を脳に直接送り、またいくつかの感覚器官などへは脳から直接連絡しているのである。ヒトの場合は、全部で12本の脳神経の存在が知られている。

デボン紀（約4億年前）に広大な淡水域が出現し、そこに入り込んだ硬骨魚類が大繁栄した。そのなかに、ユーステノプテロンという肉鰭類(にくきるい)の魚がいた（図1-3a）。その仲間が陸に上がり、イクチオステガと呼ばれる原始的な四肢動物へと進化し、そして両生類へと繋がっていく。ユーステノプテロンの仲間は、陸上脊椎動物の魚類段階のご先祖様である。

この魚の非常に貴重な脳の化石が見つかっている。どうやら死んだ後、粘土より細かい砥粉(とのこ)のようなものが入り込み、脳が化石化したらしいのだ。その化石を見るとユーステノプテロンの脳構造と脳神経がわかる。驚いたことに、魚段階の遠い祖先の脳神経も、ヒトと同じく12本なのである。

図1-3のb、cはユーステノプテロンとヒトの脳と脳神経を示している。

まず脳については、ヒトの祖先の魚類の段階で、前方から大脳（終脳）・間脳・中脳・小脳・橋・延髄の6つの脳がこの順に並び、延髄から脊髄へとつながっている。ヒトでは

図 1-3 a) ユーステノプテロンの全身図（藤田 1997、図 9A）
b) ユーステノプテロンの脳と脳神経（藤田 1997、図 9B を一部改変）。番号はヒトの脳神経の番号と対応する。左が前方
c) 下から見たヒトの脳と脳神経。番号の横に名称がある。ユーステノプテロンとヒトともに 12 本。ともに前方から若い番号の脳神経が出ている。上が前方

a)

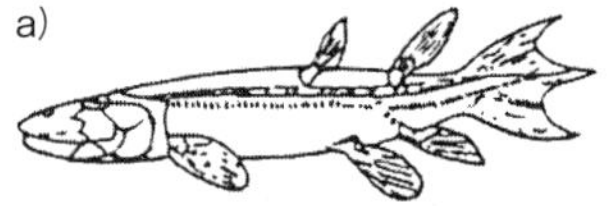

b)

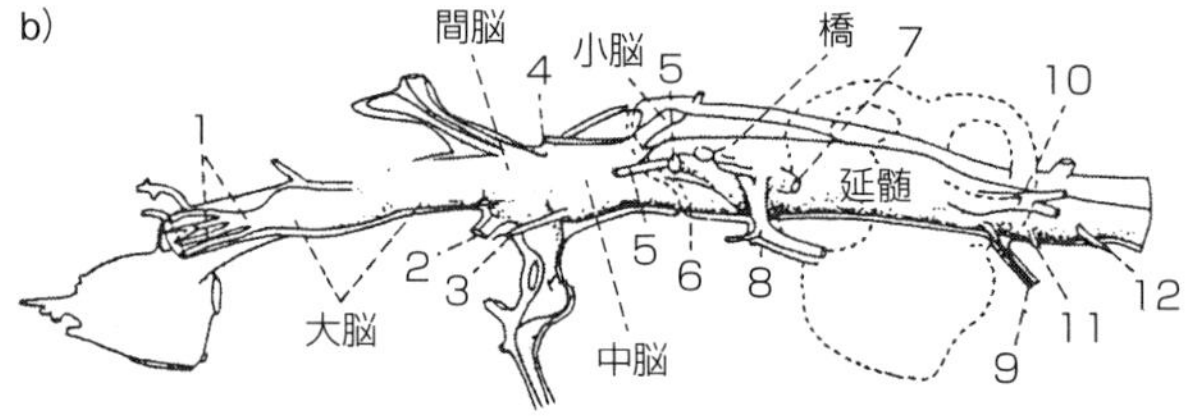

c)

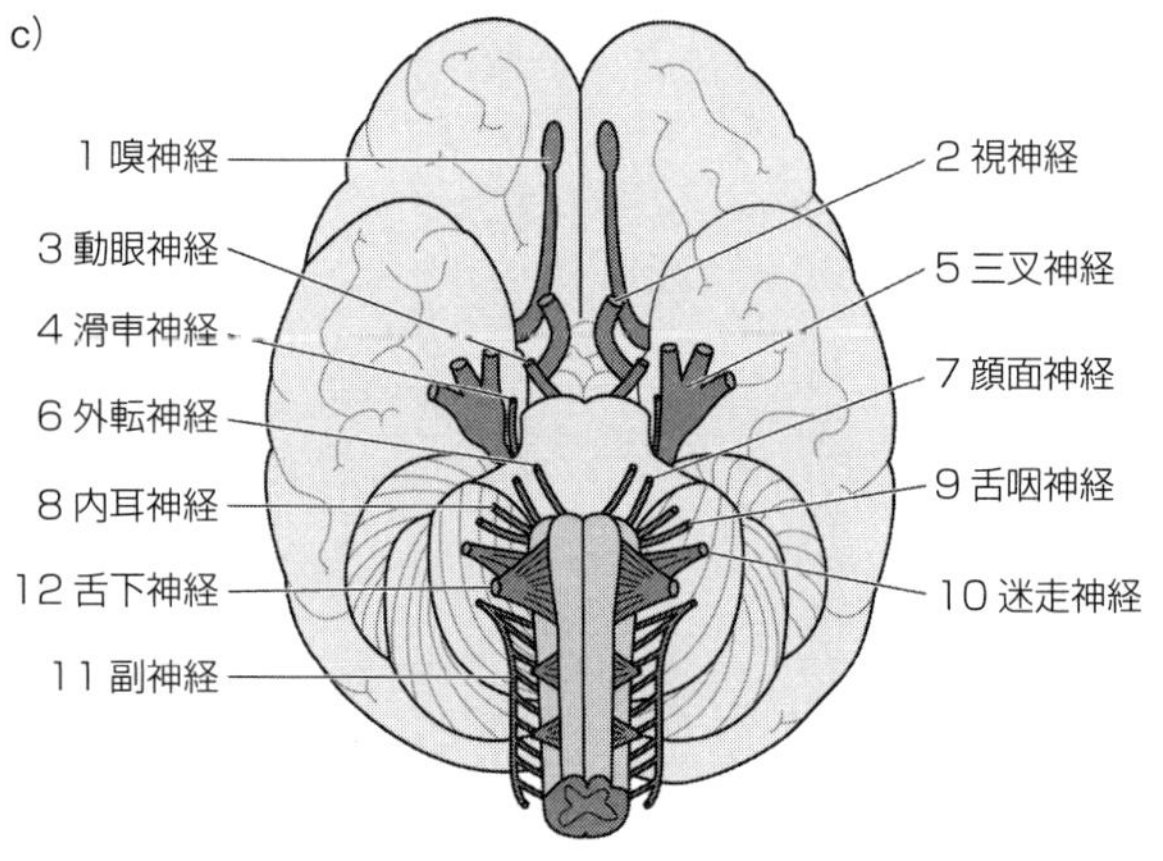

これが上下の配列になるが、同じ順で並ぶ。前節で魚とヒトの脳構造は共通だと説明したが、ユーステノプテロンのころには、すでに同じだったということだ。そして12本の脳神経は、この魚でもヒトでも、同じ順番で並んでいるのだ。

†12本の脳神経の付き方が同じ

詳しく見てみよう。ヒトとユーステノプテロンの脳の図を合わせてご覧いただきたい。先頭の1番はともに嗅神経。鼻からの匂い情報を脳に送ってくる（魚にもヒトと相同の鼻があり、水中の化学物質を感知する）。2番目は視神経。ユーステノプテロンでもヒトでも、左右の眼の視覚情報が取り込まれる。3番目が動眼神経で、ともに眼を動かす神経だ。これら3本の神経は、ユーステノプテロンでは脳の腹側、ヒトでは前方から出ている。

4番目が滑車神経で、これも眼の動きに関わっている。この滑車神経だけが、ユーステノプテロンでは背中側から、ヒトの場合も脳の後ろ（背中）側から出ている。滑車神経だけが他の脳神経と出ている場所が違っている点も同じなのだ。ここまでの脳神経は、ユーステノプテロンでもヒトでも大脳か間脳に繋がっている。これら4本の脳神経を見るだけでも、この魚とヒトの脳神経の行き先と働きの類似性がわかるだろう。

さらに5番目が三叉(さんさ)神経である。ユーステノプテロンもヒトも、この神経だけが脳を出てからすぐに3本に分かれている。3本の行き先は、共通して眼、上顎、下顎の3カ所である。よくもここまで似ているものである。というより同じである。6番目が外転神経で、やはりともに眼の動きに関わっている。7番目が顔面神経。8番目は内耳(ないじ)神経。もう、お気づきだろう。魚もヒトも脳神経には違いがない、いや同じだと言ったほうが当たっている。これら5、6、7、8番の脳神経は、脳幹の橋と接続しているのも同じである。

9番目は舌咽(ぜついん)神経、10番目が迷走神経、11番目が副神経、12番目が舌下(ぜっか)神経である。これらはヒトもユーステノプテロンも延髄から出ている。このように、脳神経のあり方はユーステノプテロンとヒトでまったく同じなのである。順番も同じであれば、1本も増えも減りもしていないのだ。しかも出ている脳の場所も同じである。

私がこの事実を知ったのは最近である。私にとって、その衝撃と感動は計り知れないほどだった。何せ、むかし習った話とは全然違うのである。もうこれではヒトと同じではないか。この類似性はどう考えたらよいのか?

ユーステノプテロンは3・8億年前の御先祖である。これらの一致は、脊椎動物の脳や脳神経は、ユーステノプテロンという魚類の進化段階ですでに確立していたことを示している。脳神経を1本たりとも増やしも減らしもせずに、連綿と引き継いできたのが我々の脳なのだ。それ以外に考えられない。たまたま同じような配列・配置ができた、あるいは作り直されたという、そんな可能性などあり得ない。話はこれまでとはむしろ逆で、ヒトの脳や脳神経の起源は古生代にまで遡ることができる。あるいは原型は古生代にできていたのかもしれない。決して後から付け加わってできたのではない。

この話を知った当時、この図を見ると「そうやったんか！」と嬉しくて仕方なく、図を肴に美味しいお酒を毎晩一人で飲んでいた。2010年の少し前のことである。

†魚類の脳神経と脳内神経回路

ここまでの説明から当然察していただけると思うが、この12本の脳神経は、現生の魚類も同じである。魚類とヒトの脳神経を比較してわかった特徴を整理してみよう。

最初の特徴は、12本の脳神経の順序が極めて保守的なことだ。12本とも、ヒトも魚もつながる脳と感覚器官や運動器官は同じである。このことは、古生代の段階で、感覚器官、運動器官も基本的にはヒトと同じものができていたことを示唆する。例えば知覚だけの脳神経のうち、嗅神経は鼻、視神経は眼、内耳神経は内耳と三半規管と、その行き先も同じなのである。三半規管（図1-3bのユーステノプテロンの脳の図では点線で示している）は身体の空間的傾きや運動での加速や減速を感じ取る器官であるが、魚が水中の運動に使うために発明した感覚器官を、上陸しても引き継いで使っているのである。ヒトの感覚器官の基本も、魚類段階でできていたのだ。

2つ目の特徴は、眼の動きに関わる脳神経の多さである。動眼神経、滑車神経、三叉神経のうちの1つ、外転神経と合わせて4つの脳神経は、眼の動きに関与している。そして、これら4つの脳神経も、どれ1つも欠けも増えもせず、ヒトも魚もまったく同じように使っているのだ。

目の動きに多くの脳神経が関わる理由は明白だ。眼球の上下左右の動きと前後のピントを瞬時に合わせる俊敏さが大事だからである。素早く動くものを的確に追い、突然現れたものに焦点を合わせ、明暗の調節も行うのだ。この眼の動きを、いちいち考えてやっていたのでは、とても間に合わない。これらの操作は自動化されており、本人には意識して動かしている自覚はない（おそらく魚も同じ）。捕食者をすぐさま見つけ、その動きに一瞬で逃げ去る。この反応が遅いと捕食され、逆に餌が取れず、反応の速度は直接的に強い自然淘汰（とうた）に晒されたことだろう。だからこそ、4本もの脳神経が関与するこれほどまで高性能な自動カメラが、ヒトの祖先の段階で進化したのだ。

3つ目の特徴は、ヒトも魚も、脳神経が同じ脳に接続していることだ。繰り返しになるが、ユーステノプテロンもヒトも、1―4番の脳神経は大脳・間脳に、5―8番は脳幹の特に橋に、9―12番は延髄と接続している。

では、脳神経から取り込んだ情報はどう処理され、さらにそれをどう出力するのだろうか。脳神経に比べて、脳の中の神経のあり方や配置の解明は極めて困難である。それらが絡まっており区別が難しいからである。しかし、脳と脳神経にこれだけ高い相同性がありながら、脳の中に入った途端にまったく別のものになるなどとは、到底考えられない。おそらく、魚類段階で獲得された脳内構造や、脳内の神経回路も高い相同性があると予想される。では、実際のところ、どうなのだろうか？

†ヒトと魚類の脳内構造

脊椎動物の脳は、魚もヒトも大脳・間脳・中脳・小脳・延髄・橋の順に並ぶが、各脳の内部は均質ではない。神経核や神経領域と呼ばれる、まとまって機能する場所があり、その間に神経が出入りして、全体として神経回路網が形成されている。

図1-4 魚類の脳構造と神経核・神経領域。名称はヒトの場合と同じ。ヒトと魚で脳の神経核・神経領域が類似していることがわかる。(Bshary & Brown 2014 を一部改変)

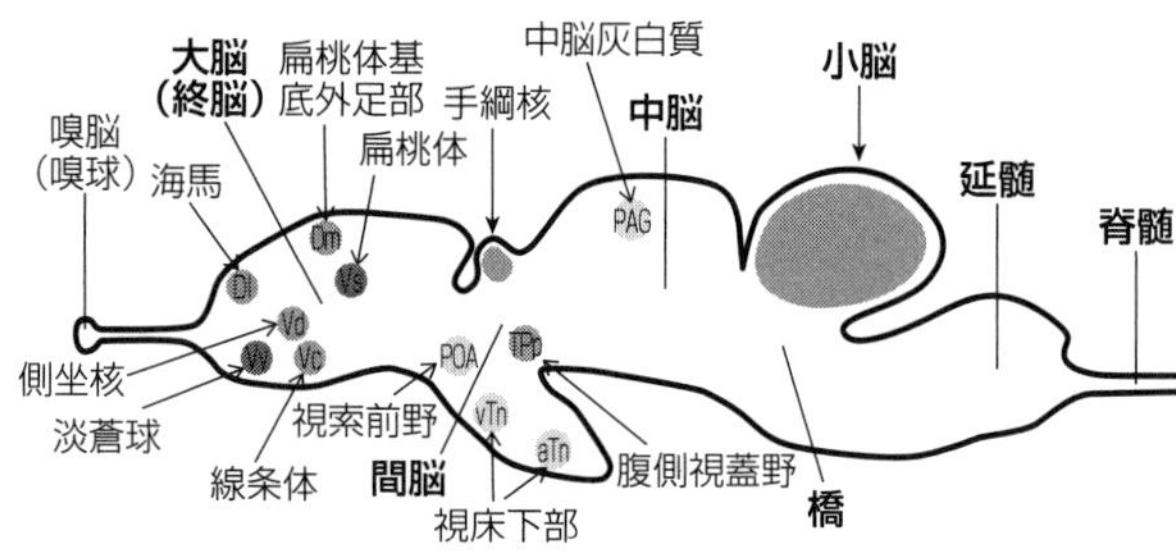

図1-4には、魚の脳の中で、社会行動の意思決定に関連する神経核と神経領域を示している。これらは、大脳・間脳・中脳に存在している。図の脳、神経核や神経領域を見ていただくと、これらがヒトと魚でほぼ同じであることがわかる。やはり脳の内部構造も似ているのだ。

脊椎動物における、これらの神経核や神経領域をめぐる神経回路網を示したのが図1-5である。脊椎動物の5綱が並べられ、それぞれの脳に即して神経核と神経領域が配置され、それらの間の神経回路網が描かれている。示されている神経核や神経領域は図1-4と同じである。魚から哺乳類まで大きな違いがないどころか、むしろ大変よく似ていることがわかる。この回路は、動物が闘争する際に攻撃を続けるか引き下がるかという、意思決定に関与するものである。魚から哺乳類まで意思決定の神経回路が、ほぼ同じなのである。

図 1-5 脊椎動物の脳内の神経核・神経領域とそれらを繋ぐ神経回路網。社会的意思決定の際に使われる回路を示す。図の神経核・領域と神経回路網脊椎動物の脳は5綱でよく似ている。（O'Connell & Hofmann 2012 を一部改変）

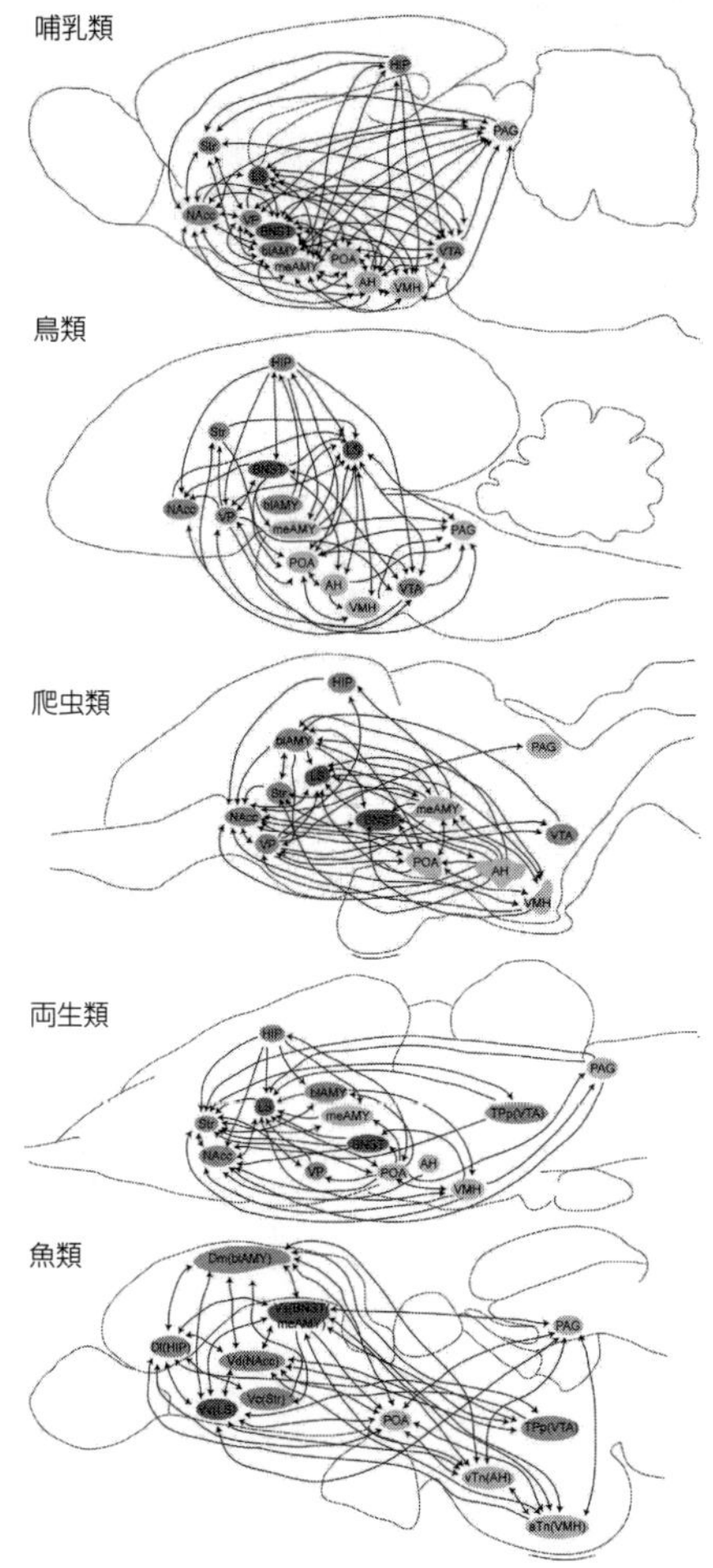

この論文（2012年）を読んだときは、興奮すると同時に、もう愕然とした。若いときに教えられた、「魚の脳は単純で、哺乳類の脳が複雑で高等である」という話は、いったい何だったのか！

この論文は、当時まだ仮説の段階ではあった。しかしその後、この仮説を支持する論文の発表が続いている。

なぜ私が脳神経科学の話を本書の冒頭でしたのかがおわかりいただけるかと思う。脊椎動物を通して、脳の内部構造はほぼ同じだったのである。魚からヒトまで共通する脳の構造は、魚の知性が高くても、なんら不思議でないことを示している。

†魚も錯視する

もうひとつ、ヒトと魚の脳が似ていることがわかる、面白い例を紹介したい。読者の方々は、背景によって同じ大きさの物体が違う大きさに見えたりする「錯視（さくし）」という現象をご存知だと思う。なんと、魚にも錯視があるのだ。

前節で、ヒトと魚の脳には、眼の動きにかかわる脳神経が多いという話をした。脳神経のうち4つが眼球運動や虹彩の開閉など、目の微調整に関与している（視覚情報の伝達は視神経が請け負う)。この4つの脳神経の存在は、視覚情報の重要さを物語っている。

他の感覚情報に比べて、視覚情報は、情報の精密さ、伝達時間の速さ、広がりにおいて段違いに豊富かつ優れている。初期の古生代の脊椎動物の生息場所は水中である。そこでも地上と同様に、動物個体の生存にとって重大なことは捕食被食関係だろう。被食者がいち早く捕食者の存在、動きを認識することは、被食者の生存に直結する。捕食者にとっても餌動物の存在、動きを認識する能力は、明らかに自然淘汰にかかってくる。これらの機能が少しでも悪い個体は、淘汰されていったはずだ。

脱線するが、よく「自然淘汰は、優れた個体や強い個体を残す」というふうに誤解されるので、少し触れておきたい。ある遺伝的表現型の子供があまり死なずに大人になり、より多くの子供を残すと、そのようなタイプの遺伝子が次の世代により多く伝わる。すると、そのタイプの個体の遺伝子が後の世代では増えていくことになり、以前の集団とは遺伝子組成が異なってくる。簡単にいうと、これが自然淘汰による進化だ。大事な点は、「より多くの子孫を残す」という点である。どんな遺伝的性質であれ、子供を多く残すのに関与するなら、その性質は進化していく。強いと子供を多く残せるのなら、それは進化する。逆にある器官がなくなることで子孫が多く残せるのなら、その器官は、自然淘汰で退化するのだ。

眼の機能も自然淘汰で進化した。例えば、ワシタカ類の視力はすごく良い。ヒトには到底できないが、数キロ先の小さなノウサギを見つけてしまう。高い視力は彼らの生存や繁殖に大きく影響するだろう。では、高い視力があったから、猛禽類はこのような上空から餌動物を探し、見つけて襲うというやり方をとるようになったのだろうか。それとも、この捕食行動を採用してから、狩りを効率的にするために視力が高く進化したのだろうか。もちろん正解は後者である。自然淘汰の出番は効率化である。なぜ我々の視力はそれほど高くないのか。そんな数キロ先の小さなものを認識する必要がないからである。

一方で洞窟で暮らす動物には眼が退化したものが多い。眼があっても見えないのであれば、役に立たない眼を作り維持するのは無駄でありむしろ邪魔である。目を怪我すれば死ぬかもしれず、眼がないほうが有利になる。ここでも、目の見えない動物が洞窟に住むようになったのではない。無用の眼が退化したのである。

直感に反するかもしれないが、見えるものをありのまま反映するのが良い眼なのではない。真実を反映することより、事実とは異なる見え方が生存率を上げ、子孫を多く残せるのであれば、そのような見え方が自然淘汰により進化するのだ。

†視覚認識を効率的に

実際とは異なって見えてしまう錯視には、様々なタイプがある。図1-6には、代表的な例を載せている。動物実験はなかなか難しく、鳥類では必ずしも同じでない報告もあるが、最近の研究では、おおむねヒトで起こっている錯視は魚類にも起こっていることが知られている。

図1-6上のエビングハウス錯視もそうである。黒点の大きさは同じであるが、ヒトも魚も小さな白点で囲まれた左側の黒点が大きく見えるのだ。

下2つは、アモーダル補完とモーダル補完と呼ばれる。魚も、アモーダル補完では四角に隠れた先に丸があると「無意識に」受け取ってしまうし、モーダル補完では白い三角形が見えてしまうのだ。具体的な脳の場所は不明なのだが、見た瞬間にそう読み取ってしまう視覚の神経基盤があると考えられる。おそらく、意識せずに起こる素早いこの認識は、視覚認識の速度を高める効果があるのだろう。このアモーダル補完は、奥行きのある空間なら起こるので、陸上だけではなく当然水中でも起こる。

魚類で起こるアモーダル補完を考えると、ヒトの錯視のような基本的な視覚の認識様式

図 1-6 エビングハウス錯視とアモーダル補完とモーダル補完。

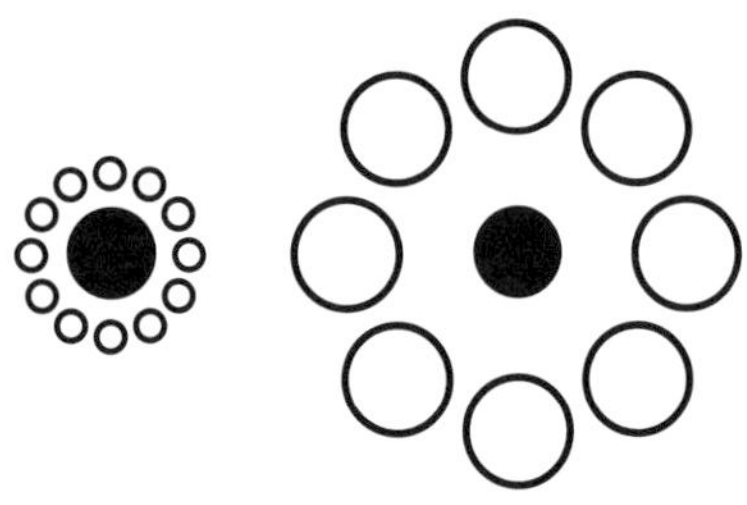

エビングハウス錯視

アモーダル補完の一例

モーダル補完の一例
(カニッツァ錯視)

の起源も、かなり古いのではないかと、私は思っている。何せ我々の眼の動きを操作する仕組みは古生代に完成しているのである。おそらく錯視は、視覚認識をより効果的かつ適応的にするために進化した。最近になってヒトや霊長類でこんな能力が独立に進化したのでは遅すぎるし、ありえない。

大事なことは、ありのままにものが見えるように進化したのではなく、子孫をより多く残す上でより「都合の良い見え方」が適応的なのであり、進化したという点だ。どうもこの錯視という遺伝的性質も、古生代から引き継がれてきているように、私には思えてならない。

視力もものの見え方も、動物にとって都合良くできている。次の章で「顔認識」の話に入るが、ヒトにとっても多くの動物にとっても、社会生活をする上で、顔の認識は特に重要である。この点についても、どうやら錯視と同じように、顔の見え方を効率化する特有の神経基盤を、ヒトも魚も生まれながらに持っているようなのだ。

3 その後の行動研究

†古典的動物行動学から行動生態学へ

1節で述べたように、私は最初、魚の攻撃行動の鍵刺激の研究をしていた。実は、1980年を過ぎたころから、私も含めた動物行動の研究は、一気に「行動生態学」に流れていった。

行動生態学は、行動が生起するメカニズムを研究対象とはしない。なぜ生物の形質や行動特性が進化したのか、自然淘汰によりどのように進化したのかを研究課題としている。簡潔にいうと、行動や形質の進化の究極要因を調べるのが目的だ。行動生態学が主流となったことで、その後、動物行動学を含め、動物行動のメカニズムが研究されることは急速に減っていった。この流れは、現在でも続いている。

行動生態学では、研究者は主に野外で詳細かつ長期にわたり、動物の行動や生態の研究を続ける。そのため、行動生態学研究に従事していると、とりわけ魚類や鳥類の行動の複雑さや柔軟性を、否応なしに見せつけられる。私自身がそうであった。複雑かつ柔軟な行動は、古典的動物行動学ではとても説明がつかない。

沖縄のサンゴ礁やアフリカのタンガニイカ湖でのスキューバダイビングでの調査経験かららいえば、魚の雌がどのような配偶相手を選ぶのか、その判断は感心するほど精巧である。決して単純に刺激に反応しているのではない。魚種によっては、なんと相手を意図的に騙すような行動もとる。魚類でもタンガニイカ湖のカワスズメ科魚類の社会は実に多様であり、一夫多妻の雄や一妻多夫の雌が、囲っている配偶者どうしの喧嘩の仲裁に入ることさえあるのだ。もはや類人猿やヒトなみである。あえていうと、魚類も「自分が何をしているのかがわかっている」のではないかとさえ思われる。

このように、古典的動物行動学の立場では、説明がつかないような事柄が次々と出てきた。1980〜2000年ごろのことである。

†鳥類の知性が明らかに

一方、鳥類では一足先に、古典的行動学とは異なる認知研究が始まった。

例えば、エピソード記憶という、いつ・どこで・何をしたかに関する記憶がある。もちろんヒトにはあるが、この記憶を持つのは霊長類までだと考えられていた。しかし、これが、2001年にカケスというカラスの仲間で確認された。カケスは貯食といって、餌を隠す習性がある。どこに何を隠したのかは、実によく覚えている。この習性を利用した巧みな実験により、いつ、どこで、何を隠したのかを記憶していることが証明された。

さらに、2008年には、カササギというやはりカラスの仲間が、鏡に映る自分の姿を自分と認識できることが示されたのである。いずれも海外の研究だが、鳥類で従来は考えられない衝撃的な知性や知能が示されたのである。

この当時は、本章で説明してきた脳構造の進化の理解が、すでに浸透しはじめていた。このような背景が、鳥類の高い知性の発見に影響していたのかもしれない。

†終わりに

本章で見てきたように、前世紀までは、哺乳類、中でも大脳新皮質を発達させた霊長類の脳が最も進化した脳だとするマクリーン仮説が主流であった。魚類や両生・爬虫類の脳は単純でお粗末なものだという捉え方は、当時の動物行動の見方や考え方にも影響したことは確かだ。そこでは、魚類は本能的にしか生きられない、脊椎動物で最も単純な動物であると見なされた。

しかし、今世紀に入り、脊椎動物の脳は全体を通して共通性が高く、基本構造は古生代には確立されていたことがわかってきた。そして、マクリーン仮説では「爬虫類脳」と見なされていた鳥類では、エピソード記憶や鏡像自己認知といった高次認知能力が報告されてきた。

では、魚類ではどうだろうか。脳のサイズも小さく、さすがに鳥類のようにはいかないかもしれない。しかし、魚類の脳構造と神経回路網や、私自身が観察した様々な複雑な行動を考えると、魚類にも高い知性がある可能性が十分考えられる。前世紀の動物行動学にとらわれず、新たな視点で魚類の行動や認知能力を見直すことが必要である。しかし、この視点からの魚類の研究は世界的にも遅れていた。

これらのことを踏まえ、我々の研究室では、魚類を対象に彼らの知性や認知能力の実態について、2010年ごろから研究を行ってきた。次章からは、我々がこれまで明らかにしてきた魚の賢さを中心に紹介をしたい。

第二章 魚も顔で個体を認識する

ヒトは、ふだんの社会生活のなかで、顔を見て相手が誰なのかを判断する。チンパンジーなどの類人猿やサル類も同様に顔で相手個体を識別している。群れを作って集団生活をするウシやヒツジなども相手の顔に基づいて個体を識別している。

これらの動物は、一定数の同じ個体が長期間、繰り返し出会う社会で暮らしている。このような社会では、相手を個体ごとに識別することは、社会生活を送る上での一丁目一番地である。この個体識別なしには社会生活は成り立たない。

ここ30年ほどの海や湖での潜水調査によって、魚類も陸上脊椎動物に引けを取らない複雑な社会を持つことがわかってきた。縄張り関係や順位関係を維持している社会性の高い魚も、主に視覚で個体識別をしており、この点でヒトや霊長類と似ている。しかし、魚類が相手のどこを見て、個体識別するのかはわかっていなかった。魚はヒトや哺乳類と同じように相手を識別するのか、あるいは魚独自のやり方で相手を識別するのだろうか。

調べてみたところ、なんとヒトと同じで、魚も相手個体の顔を見て個体識別をしていたのだ。しかも、顔認識のために発達した神経基盤も、ヒトと魚で共通しているようなのだ。こうなると、脊椎動物の顔認識のやり方は、むしろ魚類の進化段階で出現したのではないか、とさえ考えられる。本章では我々が行った魚の顔認識についての実験を見ていき、最後にこの新しい捉え方「顔認識相同仮説」を検討したい。実は、この顔認識のあり方が、本書の中心テーマである魚類の鏡像自己認知に結びついてくる。

1　プルチャーでの顔認識研究

†顔認識は生まれつきか？

魚を食べる魚を魚食魚という。魚食魚の顔には特徴があり、前から見ると丸顔でその中に大きな目と大きな口がある。一方、魚食魚でない魚、例えば藻食魚の顔は、正面から見ると、縦長の細い顔で、その眼と口は小さい（図2-1）。

この魚の顔に関して面白い実験がなされた。魚食魚に襲われた経験のない小魚に魚の顔の模型を見せて、どう反応するのかを調べたのだ。実験対象魚はサンゴ礁でもよく見られる、プランクトン食のデバスズメダイの稚魚である。魚の顔のモデルをデバスズメダイの稚魚に近づけていき、モデルがどこまで来たときに稚魚が逃げ出すかを調べた。すると、捕食された経験はもちろん、捕食者を見たこともない小魚なのに、魚食魚の顔が接近した

図 2-1 a）魚食魚の顔。b）藻食魚の顔。魚食魚の顔は大きな目と口、藻食魚の顔は縦長でオチョボロで目は大きくない、という特徴がある。（Karplus et al. 1982）

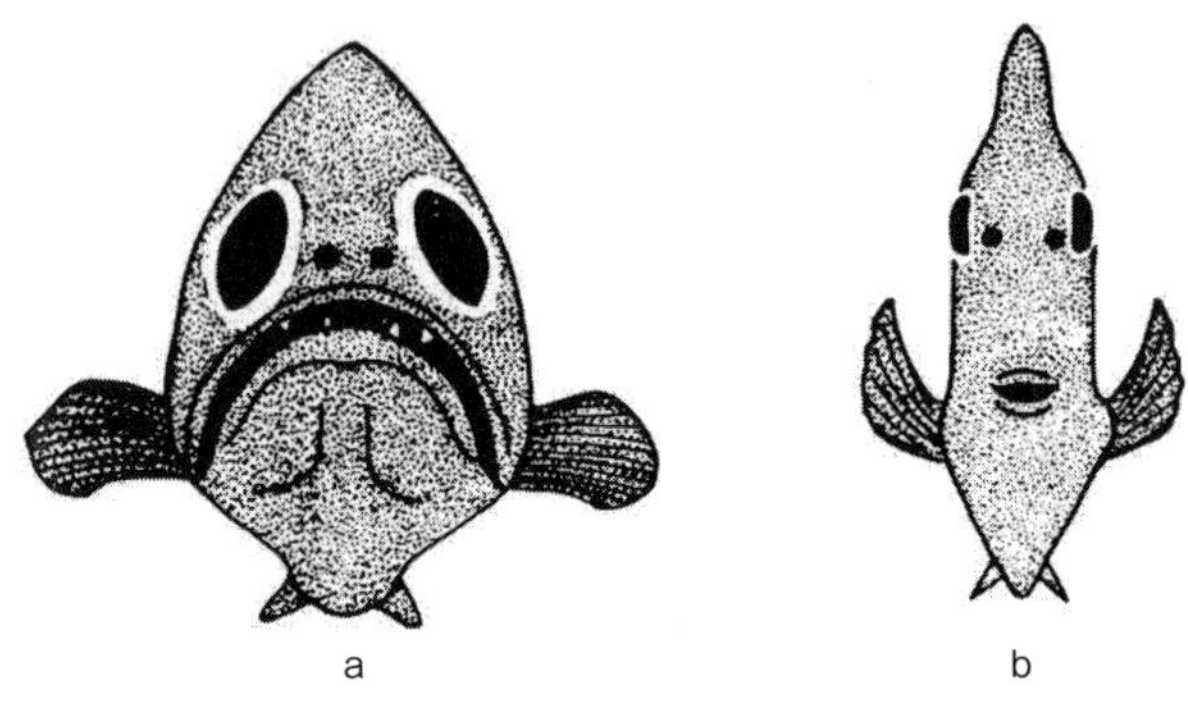

図 2-2 新生児に見せる顔のモデル。新生児は顔のモデルをよく見る。（Morton and Johnson 1991）

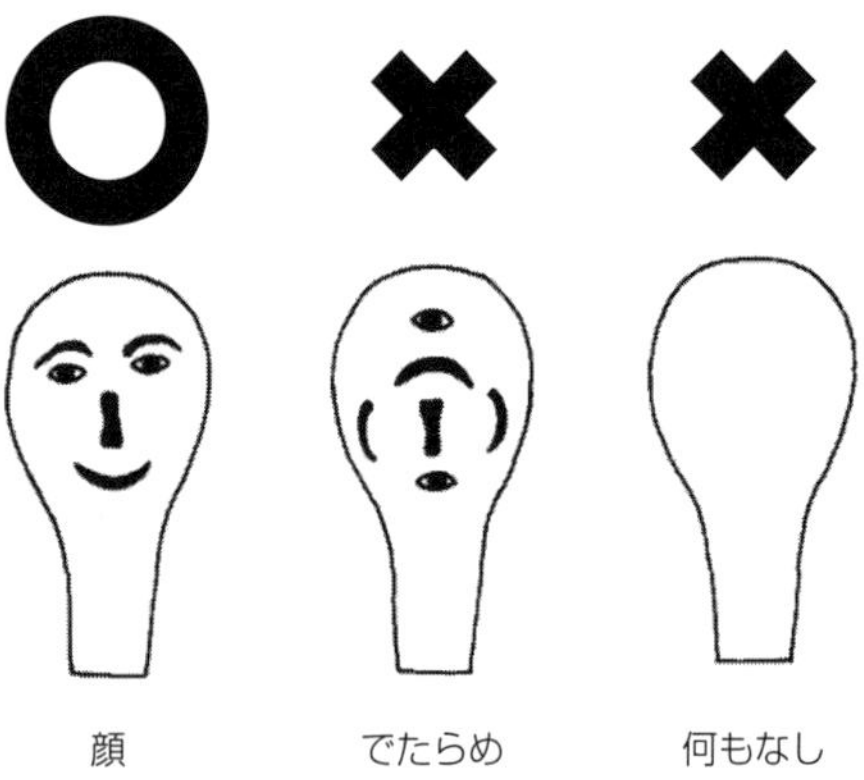

ときは、危険性のない藻食魚のときより早く逃げだしたのである。モデルの顔の大きさや色は関係ない。

さらに様々なモデルを作って実験すると、どうやら魚食魚の特徴である大きな目と大きな口がある顔だと小魚は早く逃げることがわかってきた。これは、デバスズメダイが生まれながらにして危険な動物の顔を認識していることを示している。天敵である危険な魚食魚の顔を認識する仕組みを、生まれながらに持っているのである。

ヒトの赤ちゃんでも、似たような顔認識の実験が知られている。①ヒトの顔に似たモデル、②目・鼻・口などの配置がでたらめなモデル、③これらのパーツのないモデルの3つを用意する（図2-2）。そして、ようやく目が見えはじめてきたころの新生児に、これらのモデルを見せるのだ。すると、新生児は「顔モデル」には注目するが、パーツがでたらめに配置されたモデル、何もパーツのないモデルにはあまり反応しない。このことは、ヒトの新生児も、ヒトの顔を認識する仕組みを生まれながらに持っていること、つまり、そのような神経基盤が生まれたときから存在することを意味している。

このように、ヒトにも魚にも、「顔」に対する認知能力の神経系が生得的に備わっているようなのである。それは、どういうことだろうか？

†家族で子育てをする魚「プルチャー」

霊長類やライオン、ミーアキャット、ヒツジ、アカシカをはじめ社会性の哺乳類の多くは、メンバー構成が長期間にわたり安定した複雑な社会を形成している。このような群れでは、メンバー同士は視覚で互いに相手が誰なのかを個別に認識している。調べられた限りでは、彼らのすべてが、互いの「顔」で仲間を個別に識別している。もちろん、同時に音声や匂いなどの個体特有の特徴も識別に使っているが、顔は共通した基本的な信号である。

魚でも、タンガニイカ湖のシクリッド科魚類やサンゴ礁魚類のうち、水底に縄張りを持ち定住生活をする種類は、長期にわたる安定した社会を形成している。タンガニイカ湖のシクリッド科魚類の社会構造は、これまで日本人調査隊が、過去40年あまりほぼ毎年現地調査に出かけ、潜水調査で明らかにしてきた。

彼らの社会行動は一夫一妻、ハレム型一夫多妻、ハレム型一妻多夫、共同的一妻多夫など、実に多様である。そこでも同種の同じ個体が繰り返し出会い、安定した社会関係を維持しており、視覚により互いに個体識別をしている。このことは以前から多くの研究者は経験的に知っていた。しかし、その際、彼らが相手個体のどこを見て識別しているのか、例えば体全体を見ているのか、体の一部を見ているのか、またどのように見ているのかなどは、まったくわかっていなかった。

脊椎動物の社会のうち、最も複雑なもののひとつが協同繁殖と呼ばれる繁殖様式である。両親の他に、叔母や叔父や年上のきょうだいなどの主に血縁個体が、巣作りや給餌、保護など子育てに携わるのだ。狩猟採集時代に進化したヒトの本来の子育て様式がこの協同繁殖である。

実はシクリッドの仲間にも、協同繁殖する種が見つかっている。シクリッド科魚類には、巣場所に産卵し、孵化した子供を両親、あるいは雄親か雌親が単独で保護し育てる種類が多い。そのなかで、成長した子供が生まれた巣に留まり、弟や妹の世話を手伝う協同繁殖が進化したのである。鳥類や哺乳類ではかなりの種類で知られるが、魚類で協同繁殖がはじめて見つかったのがプルチャーである（図2-3／口絵1a）。

プルチャーの1つの集団には、両親のほか、「ヘルパー」と呼ばれる子育てを手伝う若魚が5〜15匹ほどおり、彼らは互いに視覚により個体識別をしている。プルチャーの全身写真（全身8cmほど）を見てもらうと、顔の部分に茶色、黄色、青色の小さな模様がある

図2-3 a) シクリッド魚プルチャーの全身写真。b) 4個体の顔模様の変異。(Kohda et al. 2015)

が、体全体にはこれといった模様はないことがわかる。しかも、この顔の色彩模様は、よく見ると個体ごとに違うのだ(図2-3/口絵1b)。彼らが目で見て互いに個体識別ができるなら、それはこの顔の模様に基づくだろうと察しがつく。そこで「プルチャーは顔の変異がある色彩模様で個体認識をしている」という仮説を立てた。こんな小さい模様で識別するのは魚には無理かもしれない。けれど、この仮説には自信があった、というよりこれしかないと私は確信していた。顔の他には識別できる場所がないからだ。

†お隣さんは攻撃しない

さあ、どうやってこの仮説を検証するかが問題だ。なにせ相手は魚である。良い方法がなかなか思いつかない。いろいろ過去の論文を探してみても、参考になりそうな研究はない。

まずは、プルチャーの習性を検討してみた。プルチャーの各個体も、縄張りを持ちながら暮らしている。このとき、お隣さんとは顔見知りの関係になり、お互いに縄張り境界を越えて侵入することはなくなる。そうなると信頼関係ができ、互いに寛容になり、あまり攻撃しなくなる（まったくしないわけではない）。この寛容な隣人関係は「dear enemy 関係（親愛なる敵関係）」と呼ばれる。これに対し、接近してくる未知の個体に対しては猛烈に排撃する。素性のわからない未知の個体は侵入してくる可能性が高く、危険だからである。

この関係を利用すればよい。もし、顔で相手を認識しているなら、お隣さんの顔だとあまり攻撃しないが、知らない個体の顔だと激しく攻撃するはずで、そうなれば仮説は検証されたことになる。

まずはお隣さんを作ろう。小さな水槽を2つ並べ、その間に仕切りをしておく。それぞれにプルチャーを入れ数日飼っておく。水槽の底には隠れ家があり、気に入れば水槽内が自分の縄張りだと思ってくれる。そのころに仕切りを外し、互いにはじめて見る2匹の行動をビデオ撮影するのだ。この実験をやってくれたのが、卒論生の小坂直也（こさかなおや）君である。

仕切りを開けた初日の朝は、お互いにはじめて見る未知個体であり、激しく攻撃し合った。しかしその翌日には攻撃頻度は大幅に下がり、そして4、5日後には攻撃頻度はほぼないほどに減少し、互いに寛容になってきた。おそらく隣人関係が形成されたのだ。ただし、攻撃自体を完全にしなくなるわけではない。このことを確認するため6日目に、別の知らない個体が入った水槽を入れ替えて置いてみた。するとこの未知個体には激しく攻撃したのである。この実験でプルチャーが親愛なる隣人と他人とを区別していること、寛容あるいは攻撃的かの反応で、彼らがどう相手を認識しているのかが、我々にもわかることが示された。

ここまで済んだのが、ちょうど夏ごろだった。その年、私は予定していた夏からのタンガニイカ湖での魚類調査に出かけた。4回生の小坂君には、「後は何とかやっておいてくれ！」

帰国直後、12月の中旬に聞いた彼の中間発表では、やはりテーマが難しかったのか、魚の扱いが悪いのか、成果が出ていなかった。先輩たちと、プルチャーの顔に色を塗ったり、覆面マスクを被せたりもしたようだが、すべて失敗だ。彼の卒論発表会は3月初めである。残された実験期間は、2カ月を切っている。そこから彼との二人三脚での研究が始まった。

もしプルチャーがお隣さんか見知らぬ相手なのかを姿で判別しているなら、写真でもできるかもしれない。小坂君もやったようだが、聞いてみるとどうもやり方がまずい。魚への示し方が、あまりに不自然なのだ。青い板に写真を貼り付け、水槽の壁面に提示した。それでは魚はびっくりしてしまい、攻撃どころではない。

より自然状態に近づけようと、水槽のガラス越しに、水槽の映像だけが流れているモニター画面を固定し、その画面上に写真を画像として動かした。画像がアニメーションとして、水槽の画面を移動するのだ。すると、隣人の画像にはあまり攻撃や警戒をしないが、未知個体の画像にはかなり攻撃や警戒をしたのだ。これで、隣人と他人とを視覚的情報だけで認識し識別していることがわかった。モニター画像でも十分に認識できるのだ。そこで、以前から目論んでいた実験に移った。

†顔を入れ替えた結果……

調べたいのは、プルチャーが顔で相手を区別できるかどうかである。以前からの目論見とは、パソコンを使って、隣人と他人の写真で合成写真を作って、それを魚に見せることだ。寛容に接している隣人の写真の顔模様を他人の顔模様に入れ替えた合成写真と、他人の写真に親しい隣人の顔模様を入れ替えた合成写真をつくった（図2-4）。これが、実にうまくできているのだ。何人かの同僚教員に見せたところ、誰もどれが本物でどれが合成写真なのか答えられない。完璧である。これらの写真を先ほどのモニター画面上で、画像として動かして、見せるのである。

もし、プルチャーが顔模様で隣人か他人かを見分けているのであれば、胴体には関係なく、隣人顔模様の画像には寛容に、他人顔模様の画像には警戒するはずだ。つまり、「隣人顔（模様）と他人体」の合成画像には寛容であり、「他人顔（模様）と隣人体」の合成画像は攻撃するはずである。もし、顔模様以外の体で認識しているなら、結果はその逆になるはずだ。加工していない本来の2つを含めた4つの画像のモデルを対象個体にランダムな順で提示し、その反応を見た。画像への慣れを防ぐため中2日開けて提示した。さあ結

図2-4 4つのモデル写真の作り方。隣人①と他人③の2匹がいる。他人③の体に隣人①の顔の模様を貼り付ける（＝隣人顔と他人体、②）。隣人①の体に他人③の顔模様を貼りつける（＝他人顔と隣人体、④）。(Kohda et al. 2015 を一部改変)

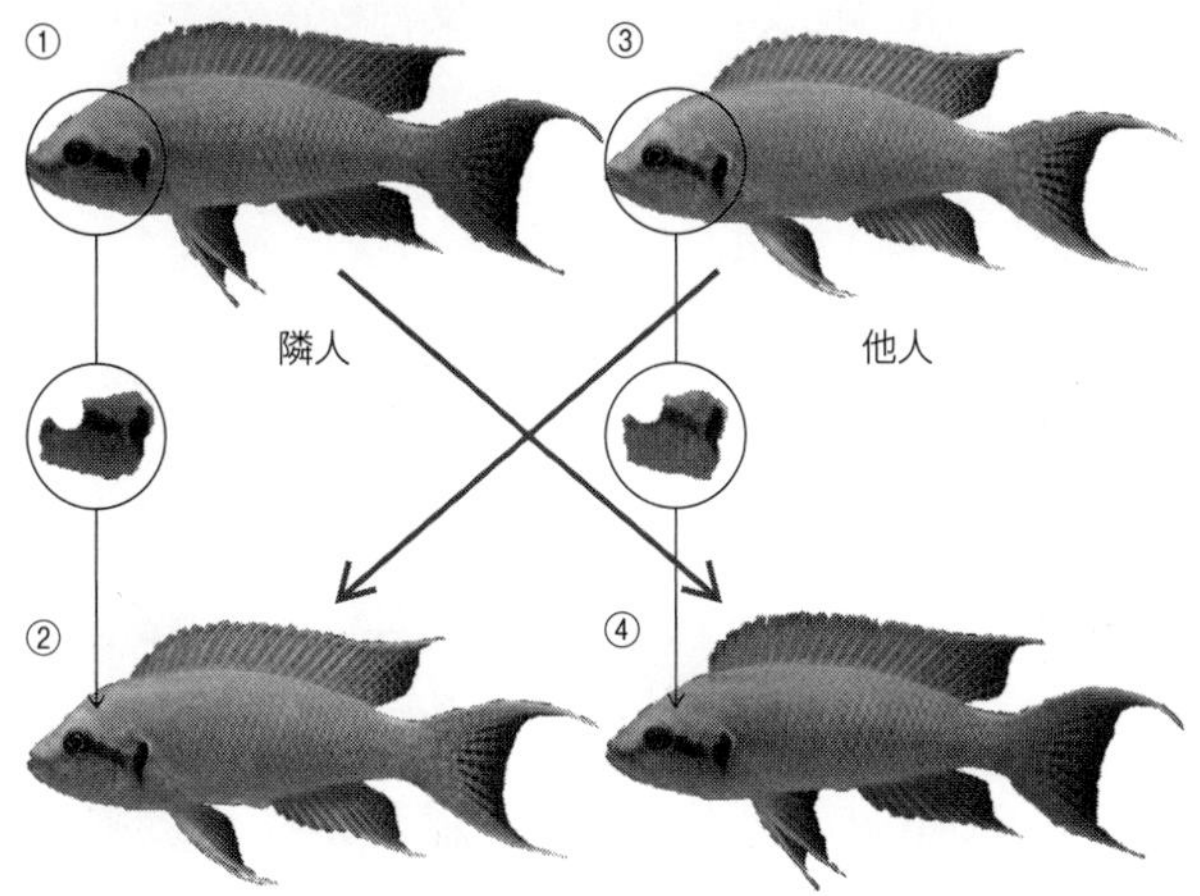

果やいかに。

まず、全身隣人の動く画像に対しては警戒時間が短く、全身他人画像には警戒時間が長かった（図2-5）。これは予備実験のとおりである。さてここからが本番。隣人顔模様と他人体の合成画像への警戒は、隣人画像に対する場合と差がなく低かったのだ。そして、他人顔模様と隣人体の合成画像には、他人の画像に対するのと違わないほど警戒の度合いが高かったのである。まったく予想どおりの結果となった。このときは、もう2人とも笑いが止まらなかった。

図 2-5 モデル実験の結果。隣隣＝隣人顔模様＋隣人体、隣他＝隣人顔模様＋他人体、他隣＝他人顔模様＋隣人体、他他＝他人顔模様＋他人体。顔が隣人模様だと体に関係なく警戒が少ない。顔が他人模様だと体に関係なく警戒する。これは、顔だけで、隣人か他人かを判定していることを示す。aとbは、同じ文字は有意差なし、文字間では有意差ありを示す。(Kohda et al. 2015)

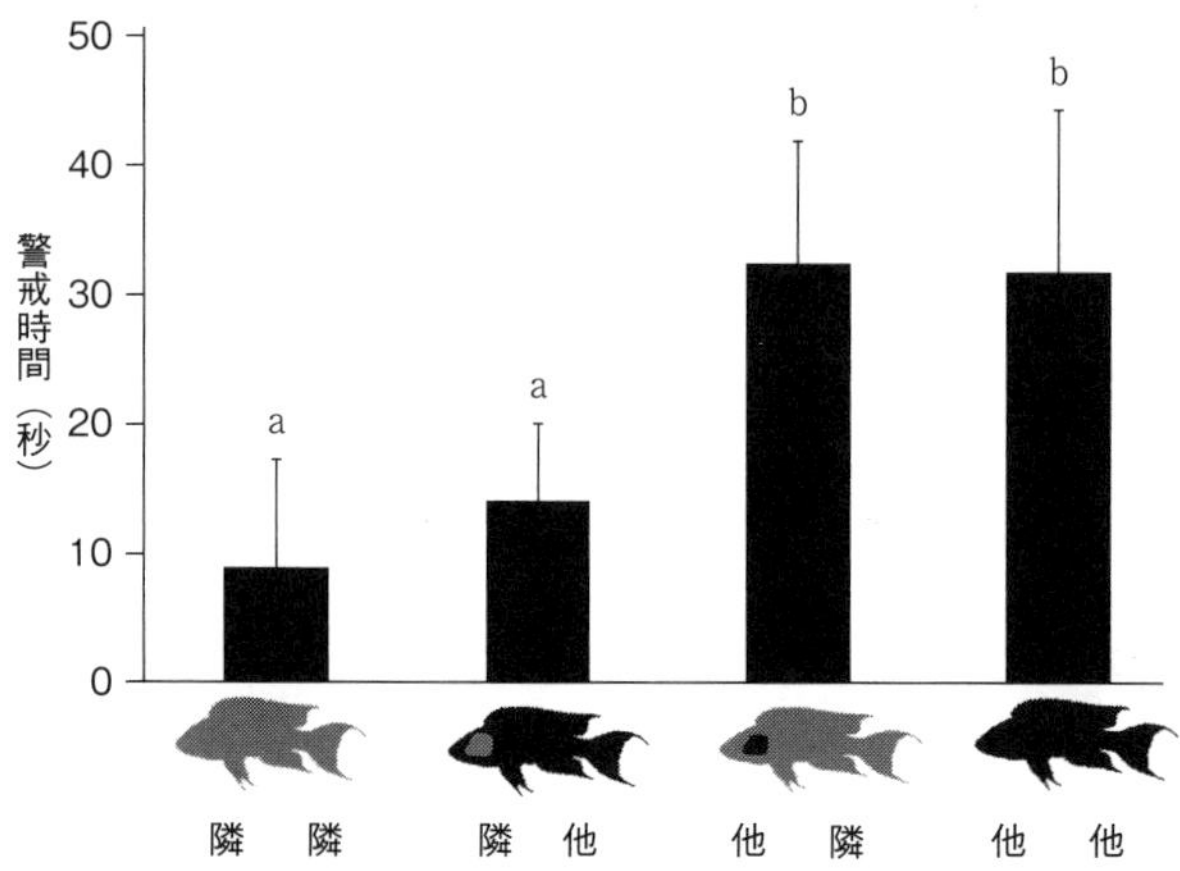

もし体もある程度は判定基準にしているのなら、隣人顔模様と他人体の合成画像は、他人体の分、隣人画像より警戒が高くてもよさそうだが、そんなことにはなっていない。その逆もそうである。つまり、画像の胴体部分はほとんど、あるいはまったく見ていないのである。このように、プルチャーは顔の模様の変異だけを見て相手を識別していたのだ。実験は大成功といえる。そうなるだろうと思ってはいたが、結果が出たときはほんとうに嬉しかった。そして、小坂君も立派に卒論発表をすることができた。

やや細かくなるが大事なことをいうと、この結果だけでは、プルチャーが顔で相手個体を識別しているかどうかは、わからない。「隣人と未知個体というカテゴリーを区別しているだけだ」と言われると反論できないのだ。この認識は、「クラスレベル認識」と呼ばれる。魚が相手を個別に識別していることを証明するためには、複数の知り合い個体を識別できることを示す必要がある。これの識別能力は「真の個体認識」と呼ばれている。

そこで、プルチャーが真の個体認識をしているかどうか調べてみたところ、もちろんできるのである。実験の詳細は省くが（Saeki et al. 2018）、お隣さんAとお隣さんBをちゃんと識別できている。これができずに社会生活は送れないわけで、できて当然といえる。これは当時4回生の佐伯泰河(さえきたいが)君がやってくれた。彼は水槽実験だけでなく野外調査にも興味があるようで、大学院に進学してからはタンガニイカ湖に数年通い、協同繁殖魚の野外調査で博士号をとるべく準備を進めている。

†顔を見ているのか、模様を見ているのか

さて、これらの実験によって、哺乳類のように、魚も顔で相手を個別に識別していることが、世界ではじめて示された。しかし、プルチャーには、顔にしか変異のある色彩模様

がなく、この結果だけでは、顔を見て個体識別をしているのか、変異のある模様を見て識別しているのかがわからない。もし胴体にこのような模様がある魚で実験できれば、顔を見ているのか、模様を見て識別するのかが区別できる。

そこで早速、タンガニイカ湖の社会性の高い魚で、個体識別をすると予測される魚種の写真を図鑑で調べてみた。すると、なんと調べたほぼすべての種類で、顔に色彩変異があることがわかったのだ。このような色彩変異が、顔にはなく、その他の場所にだけあるシクリッドなどいないのである。

ここで少し脱線したい。動物の社会を調べるには、観察対象を個体識別し、個体間関係を把握することは、基本かつ必要不可欠だ。社会関係はここから解き明かされる。日本が誇るサル学も、サルの個体識別から始まっている。ニホンザルの顔は一頭一頭皆違う。研究者はサルの顔を個別に覚え、そして彼らの社会関係を明らかにしてきた。社会の研究手法は、もちろん魚だって同じことである。魚を個体識別して、研究する必要がある。

実をいうと、私自身がタンガニイカ湖で魚類の社会構造の研究で潜水観察をするとき、対象個体を個体識別するのに、彼らの顔模様の個体変異を利用していた。例えば1996年から10年間、カリノクロミスやロボキローテスなどの社会構造を調べていた。そのときも、彼らの顔の色彩変異で個体識別をした。顔模様を覚えるためには、その特徴を一言で言い表すあだ名が覚えやすくてよい。いくつかを上げると、ネックレス、ハブラシ、ブラジャー、ダンゴなどなど。カリノクロミスでは約200個体を、ロボキローテスでも70個体をこの方法で識別した。サルの研究手法とまったく同じである。しかしその当時、私は彼ら自身がその顔模様で互いに個体識別をしているとは、思いもしなかった。

私は、これらシクリッド魚類では、目のある顔は体のなかでも最も素早く認識する場所であり、個体識別をより素早くするために、個体信号を顔に発達させたのだろうと考えている。これだけ多くの魚を調べて、個体信号といえる色彩変異が顔に集中していること自体、この仮説を支持している。これを証明するには、顔以外の場所に色彩変異がある魚がいて、その魚が顔を見て識別するのか、顔以外の色彩を見て識別するのかを調べればよいのだが、顔以外に色彩変異のある種が見つからない。そこで、世界中の魚に広げて調べてみた。

見つかったのは、顔以外にも特徴的な模様のあるディスカスである。この全長10～20cmの魚は、顔だけでなく全身に色彩模様の個体変異がある。

2 顔認識する魚たち

†ディスカスでは?

熱帯魚の女王と呼ばれるディスカスは、全身に模様のある綺麗な魚である(図2-6/口絵2a)。ペアで子育てをし、何年も夫婦で連れ添う。パートナーには優しいが、知らない他個体に対しては攻撃的であり、彼らがパートナーを他の個体から識別していることは明らかだ。

プルチャーとは違って、ディスカスの色彩変異は全身にある。彼らは、この全身の模様を使って個体識別をしているのか、それとも色彩のうち、顔の模様だけを使って識別しているのだろうか。私の予想は「顔の模様だけで個体識別をしている」である。プルチャーと同じ方法で、顔を鰓蓋(えらぶた)の前の顔部とし、図2-6/口絵2b、cのように、今度は顔部全体を入れ替えて合成写真を作った。この実験は当時院生の佐藤駿(さとうしゅん)さんがしてくれた。彼は、自分で育てたディスカスを品評会に出し、表彰されたこともあるほどのディスカスオ

図 2-6 ディスカスの顔認識実験。a) ディスカスの全身写真。全身に模様がある。b) 顔（白）と胴体（灰色）。c) 顔の模様変異。d) パートナーの顔のモデルには挨拶するが他人顔のモデルにはしない。e) パートナーの顔のモデルには威嚇しないが、他人顔のモデルには威嚇する。(Satoh et al. 2016)

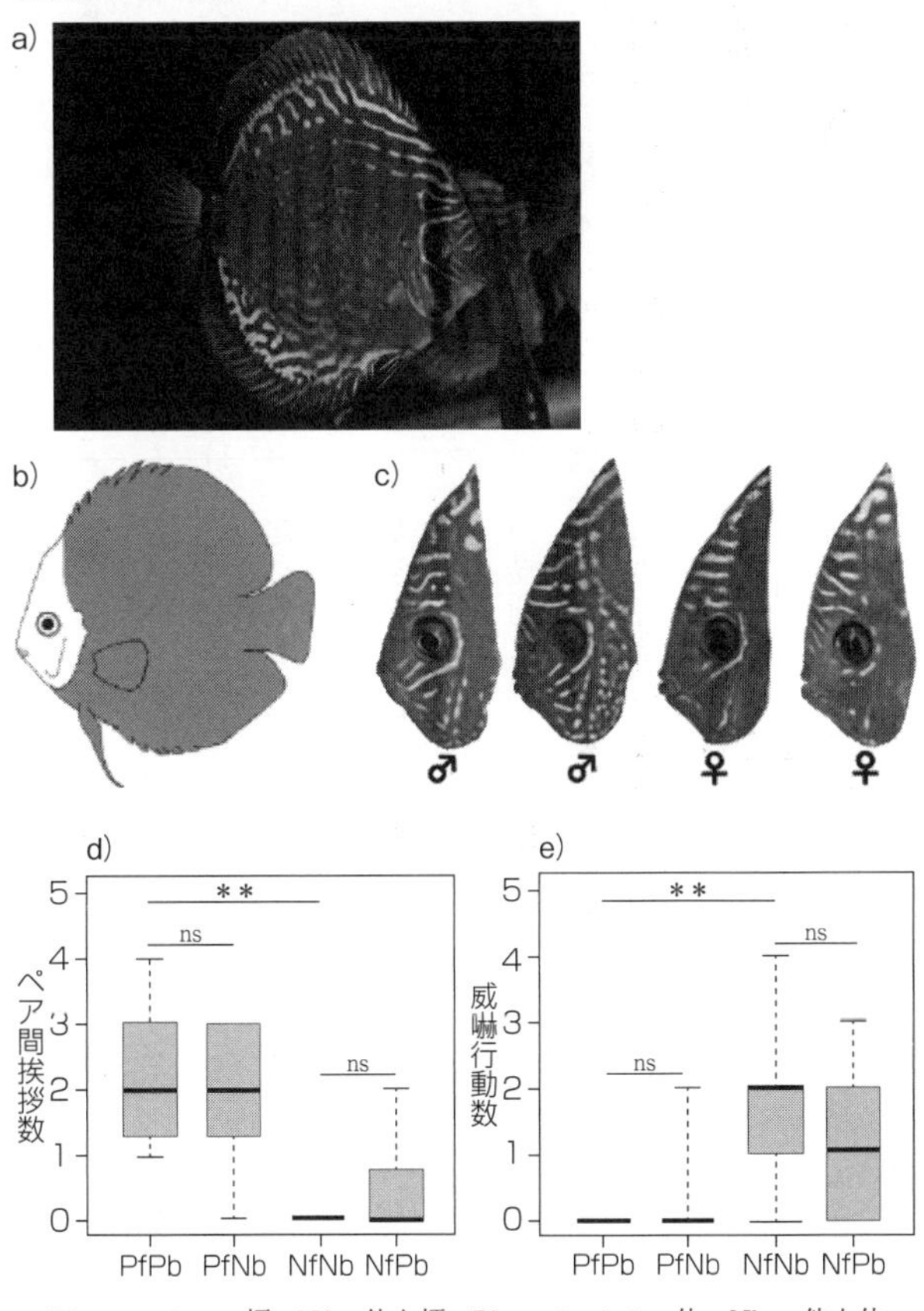

Pf ＝パートナー顔、Nf ＝他人顔、Pb ＝パートナー体、Nb ＝他人体

タクなのだ。実験者としてこれほどふさわしい人はいない。

結果はまったく予想したとおりであった（図2-6d）。雌雄ともパートナーの顔が入った写真はパートナーと見なし、見知らぬ他人顔の写真と区別したのである。つまりディスカスも、完全に相手の横顔の模様だけを見て個体識別をしていたのである。彼らも体の模様は見ていないのだ。この実験により、顔に色彩変異があるからではなく、魚は顔を見て個体識別をしているとの仮説が支持された。

ディスカスは、ペアで、一円玉ほどの大きさの子供を数多く連れて移動する。固定した巣場所であればペアの相手を判別しやすいが、巣を持たず子供を連れて放浪していると、お互いが頻繁に離れてしまいパートナーの識別は難しい。近寄ってきた相手がパートナーかそうでないかの認識を間違うと子供がすぐに捕食されてしまう。ディスカスにとって、近くにいる個体の正確かつ瞬時の識別は極めて重要なのだ。

†クーへやピラルクの顔模様

ペアで子供を保護しながら移動する魚は他にもいる。タンガニイカ湖には、全長1mほどになる世界最大のシクリッドの仲間で、現地のスワヒリ語でクーへと呼ばれる、見た目

図 2-7 a) 繁殖中のクーへの顔に現れる鮮やかな色彩模様（安房田智司撮影）。b) 古代魚ピラルクの全身写真と顔表面の個体変異（PSawanpanyalert/Shutterstock.com）

a)

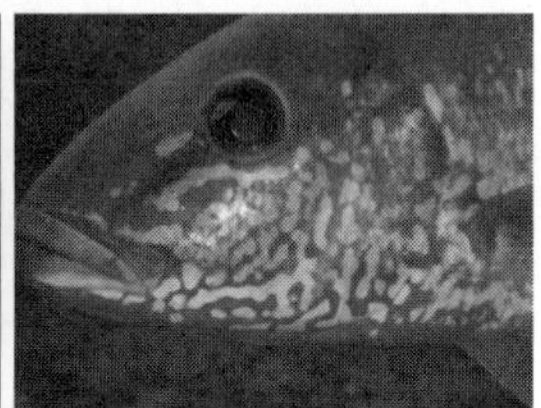

b)

もその味もハマチのような魚食魚がいる（図2-7／口絵3a）。ペアで子育てをし、巣を離れて子供を10㎝ほどになるまで連れて泳ぎ回る。

子供を連れて泳いでいるクーへのペアの親には、雌雄ともに顔に黄色と青の鮮やかな個体変異のある模様が出る。それが最も鮮やかなのは、子育て真最中のときなのだ。ふつう魚類の鮮やかに変化する体色は性淘汰と関連することが多く、異性への求愛時や配偶前の雄に出ることが多い。そして雄の綺麗な体色は、性淘汰が強くなる一夫多妻の種で顕著なのである。しかし、クーへは一夫一妻のペアであり、かつ配偶がとっくに済んだ子育ての時期に鮮やかになっており、性淘汰による形質とは思えない。しかも雄だけではなく雌の顔にも鮮やかに出ているのだ。おそらく、クーへの顔の色彩模様の変異は、子育て中の素早くかつ正確な相手の認識のためだと考えられる。ディスカスと同じで、ペアの相手を間違うと一気に子供が被食の危険に晒される。その模様は顔だけに集中して現れているのだ。

クーへのようにペアで子育てをする古代魚がいる。古代魚とは古生代や中生代から形態がほぼ変わっていない魚類、いわゆる「生きた化石」である。南米アマゾンに暮らす全長3ｍになる魚食魚のピラルクがそれである（図2-7／口絵3b）。ピラルクは中生代からその形態がほぼ変わっていない。彼らも雌雄のペアで子供を引き連れて子育てをしている。

ピラルクの顔をご覧いただきたい。彼らの顔には鱗がなく、目の周りや頬にかけて火傷の跡のような模様があるのだ。これが個体ごとに異なっている。胴体は大きな鱗に覆われているが、個体変異が顕著にあるのは顔だけだ。しかも雌雄ともにあり、その変異は色ではなく鰓蓋の表面の形を変えるという、スズキ目魚類の色彩変異とはまったく違うやり方で行っている。その繁殖生態を考えると、ピラルクもクーヘやディスカスのようにペア同士での個体識別が必要だろうし、その際に顔の模様が使われていると考えられる。となると、ピラルクのような古代魚でも、顔に変異のある模様を作り出し、顔認識をしている可能性がある。この仮説もなんとかアマゾンの現地で調べてみたいものだ。というのも、その成果は、魚類の顔認識が中生代、古生代にまで遡る可能性を暗示するからである。

†サンゴ礁魚はどうだろう？

綺麗な熱帯魚といえば、色とりどりのサンゴ礁魚類は外せない。サンゴ礁魚には群れになって広い範囲を泳いでいる魚もいるが、互いに縄張りを持つなど定住性が高い種類も多い。定住性の魚は安定した様々な社会構造を持っており、その社会では、彼らも互いに個体識別をしている。

縄張り性のスズメダイ類もそのような魚である。その一種のセダカスズメダイは私の学生時代の研究対象魚である。すでに述べたように、彼らは非常に強固な摂餌縄張りを持ち、餌の藻類を同種だけでなく餌の競争種からも防衛する種間縄張りを維持している。

この縄張りは、藻類の生産性の高い波あたりの強い岩場に隣接して分布し、縄張り境界を挟んで隣人同士が接している。見ていると、彼らは互いを認識しており、隣人間では互いに寛容である。プルチャーの場合と同じく「紳士協定」（＝親愛なる敵関係）ができているのだ。ここでも隣人同士は互いに個体識別をしている。1つの縄張りは、隣接する縄張りを持つ4〜6匹の隣人と接しており、おそらくすべての隣人を個別に識別している。

これら縄張り性スズメダイ類に紫外線を当てると顔に発達した色彩模様が見え、それが個体によって異なっている。ここから縄張り性のネッタイスズメ、ニセネッタイスズメは、顔の色彩変異で個体識別をしていることが示唆されている。その他のスズメダイの実証研究はまだであるが、おそらく顔模様で個体識別がなされていると思われる。同じスズメダイ科の魚でも縄張りを持たず、群れになってプランクトンを食べる種類がいる。特に個体識別の必要がない彼らの顔には、鮮やかな色彩模様が、どう見ても発達していないのである。

サンゴ礁域には、雄がハレムを維持し縄張りを持つ魚類は多い。これらの魚は同じ個体が何度も繰り返し出会う高度な社会である。例えば、ベラ類、トラギス類、キンチャクダイ類などは、ハレム型一夫多妻の社会構造を持つ。これらの魚種の写真を図鑑やインターネットで調べてみると、彼らの顔にもどうやら個体変異のある模様があるのだ。このように、互いに個体識別をする必要のある社会で暮らすサンゴ礁魚類の顔には、個体変異のある色彩模様が発達しているようなのだ。しかし、このサンゴ礁魚類の顔の色彩変異については、まだ誰も指摘すらしていない。この顔の変異に基づいて互いに個体識別をしているようであるが、その検証例もまったくなく、サンゴ礁魚類の顔の色彩変異は、すべてがこれからの研究課題である。

魚類の顔認識は、広く一般に見られるのだろうか。これまでの例やサンゴ礁魚類は、スズキ目と呼ばれる現在大繁栄しているグループに属す魚類である。魚類の顔認識の普遍性を示すには、スズキ目以外の魚を調べる必要がある。

†グッピーやメダカも顔認識？

世界中で人気があり、数多く飼われている熱帯魚といえば、やはりグッピーだろう。グッピーには多数の品種がある。この魚も適度な数で飼うと水槽内で順位や縄張りができる。あんなに小さいグッピーだが、彼らも互いに個体識別ができるのである。グッピーはカダヤシ目と呼ばれる分類群に属している。野生では、グッピーは雄が小さな縄張りを張り合い、訪れる雌と交尾する配偶様式をとっている。雌は体側のオレンジ模様が大きくて鮮やかな雄との配偶を好むようである。雄のオレンジ模様は性淘汰により進化してきたのだ。グッピーの様々な品種の雄の鮮やかな色彩は、野生種から人為選択し品種改良したものである。

この品種改良されたグッピーの品種を図鑑で調べ、その顔や胴体、鰭の色彩を見てみた。雄の品種間での体色や鰭の色彩変異はとにかく凄まじい。しかしよく見ると、体色が品種間でどれだけ変異していようが、1つだけ全品種に共通した色彩があることに気づいた。図鑑やネットの画像を見て欲しい。それは眼の斜め後ろにある、小さな銀白色の模様である。例えばフルレッドという品種の雄は全身美しい朱色であるが、目の斜め後ろだけに銀白色が残っている。しかも、この顔の銀白色の形、大きさ、色合いは、どの品種であれ個体によって微妙に違っているのだ。どんなに品種改良されても残っているところをみると、この顔の銀白色の遺伝子は、体側の綺麗な色彩模様の遺伝子とは、まったく別物なのだろう。

もうおわかりかと思う。グッピーは、この銀白色の色彩で個体識別をしている可能性が高いのだ。これまで、グッピーの雄の顕著な色彩とその変異は、性淘汰の視点から世界中で実に多くの研究論文が出されてきた。しかし、同じ体色でありながら、顔の銀白色についてはまったく研究がない。

さらによく見ると、なんと雌の顔にもちゃんと雄と同じ個体変異のある銀白色がある。グッピーの雌も水槽で飼育すると、順位関係や縄張り関係を持つ。グッピーの雌も、顔の色彩変異を使って個体認識をしているようである。

「グッピーは顔の小さな銀白色の模様で個体識別をしている」という仮説を検証しよう。その検証に挑んだのが、当時4回生の福島里緒（ふくしまりお）さんだ。ネオンタキシードという最も人気のある品種の雄を対象にした。卸価格で1匹150円と値段も安い。40匹を購入し、プルチャーと同じように実験を行った。合成写真を使った実験結果はプルチャーの場合のように明瞭であった。グッピーも、顔だけで個体識別をしているのである。ただし、社会行動のタイプが、スズキ目魚種とはかなり違うようで、行動の解釈には苦労したようだ。

この他、メダカも顔で個体識別をしているとの報告がされている。メダカといえば、童謡に歌われる国民的な魚である。あのメダカが顔で相手を識別しているのである。よく見るとメダカの目の体側寄りのところに、小さな小判型の模様がある。この小判に個体変異が認められ、どうやらこれで個体識別をしているようだ。メダカはダツ目というスズキ目とは別の系統群に属す。つまり、スズキ目とカダヤシ目に加え、ダツ目でも顔模様に基づいた視覚による個体認識が確認されたことになる。

イトヨは国内にも生息しているトゲウオ目の魚である。第一章で述べた、ティンバーゲン教授が鍵刺激を見出した古典的動物行動学のモデル生物である。雄は縄張りを持つ。このイトヨに、個体識別ができるのだろうか？

イトヨの顔認知研究に取り組んだのが、修士課程の井上和泉（いのうえいずみ）さんである。よく見ると、顔にだけ変異に富んだ区域があり、モデル実験をプルチャーなどと同じように行うと、なんと顔に基づいて個体識別をしたのである。しかもその識別の精度はスズキ目魚類と変わらない。実験の詳細は省くが、イトヨも顔で相手を認知できるのであって、単純な本能的な行動しか取れないわけでは決してないのだ。

我々の研究室がこれまで魚類の顔による個体認識を確認してきたのは、スズキ目カワスズメ科のプルチャー、ディスカス、カダヤシ目のグッピー、トゲウオ目のイトヨ、ダツ目のメダカと4目に及んでいる。調べた魚のすべてが個体認識できるのだ。もしピラルクがあの顔で個体識別をしていたら、魚の顔認識は相当に広い分類群に及ぶことになる。そうでなくても、すでに4目で確認できているのだ。社会性の高い魚類での顔に基づく個体認識や個体識別は、魚類ではむしろ一般的な現象だと考えてよさそうだ。

また、多くは小型の魚だということも見逃せない特徴だ。特にメダカやグッピーは全長数センチの魚であり、脳は米粒以下の大きさだ。このサイズで、顔認識ができるのだ。脳の小ささは、機能の制限要因にはならないのかもしれない。この点もこれまでの常識とはかけ離れた結果であり、将来的な大きな研究課題となるだろう。

†ほんとうに顔に視線を向けているのか?

ヒトが相手に出会ったときや写真を見るとき、まず真っ先に顔を見ることを、我々は経験的に知っている。

ある個体が相手のどこを、どのくらい見ているのかを調べる方法に、アイトラッキング法がある。ヒトやチンパンジーの頭に測定器具を取り付けて、見ている場所と時間を調べるのだ。この方法で調べてみると、ヒトが真っ先に見るのはやはり相手の顔であり、チンパンジーも顔である。ヒトやチンパンジーなどの場合、相手を特定するだけではなく、顔の表情から相手の気分や感情も読み取ることができる。さらに、目を見れば、相手がどこを見ているのか、何に注目しているのか、つまり相手の関心ごとの把握もできる。そのため、相手を判別した後も、顔をしばらく見ているようだ。

魚はこの点について、どうだろうか。もちろん、そんな研究は世界中のどこにもない。もし、魚にとっても相手個体が誰なのかをいち早く知ることが大事なら、魚だって真っ先に見るのは相手の顔の可能性は高いと予想される。水中にいる魚に器具を取り付けて、アイトラッキングのようなことはできない。しかし、なんとかして、魚が相手のどこを見ているのかを知りたいが、魚に使えるそんな測定装置はない。そこでまた創意工夫である。

確立したいのは、魚が何に注目して見ているのかを判定する方法である。魚に何かを装着する方向での発想では無理がある。今回も対象魚はプルチャーだ。

ある日、プルチャーのいる水槽に、レーザーポインターで水槽のガラス壁に赤いスポットを当てたことがあった。赤いスポットはとても目立つ。次の瞬間、プルチャーはスッとそれに近寄り、数センチ手前で少しの間止まってスポットを覗き込んだ。しばらくするとそこから離れ、水槽内を泳いだ。これは使えそうだ。レーザーポインターの照射を計画的

図 2-8 a）赤い（写真では白点）レーザーポインターを見ている。b）どこを見ているのかを調べる実験の実験装置。c）実験に使ったモデル。（Hotta et al. 2019）

a）

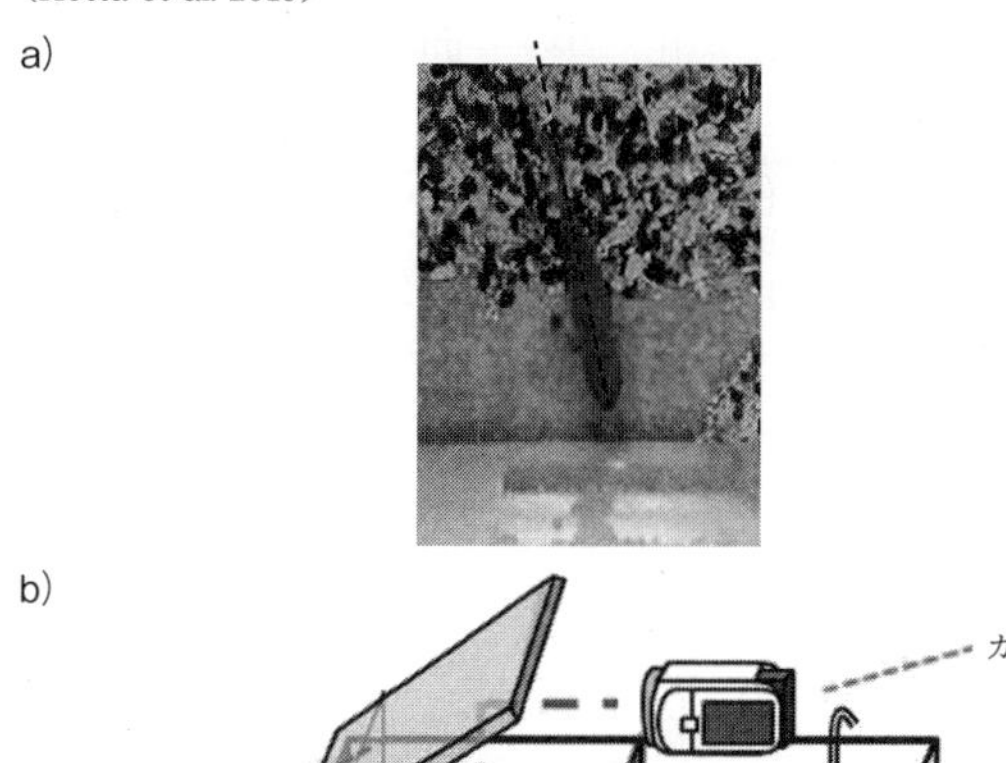

b）

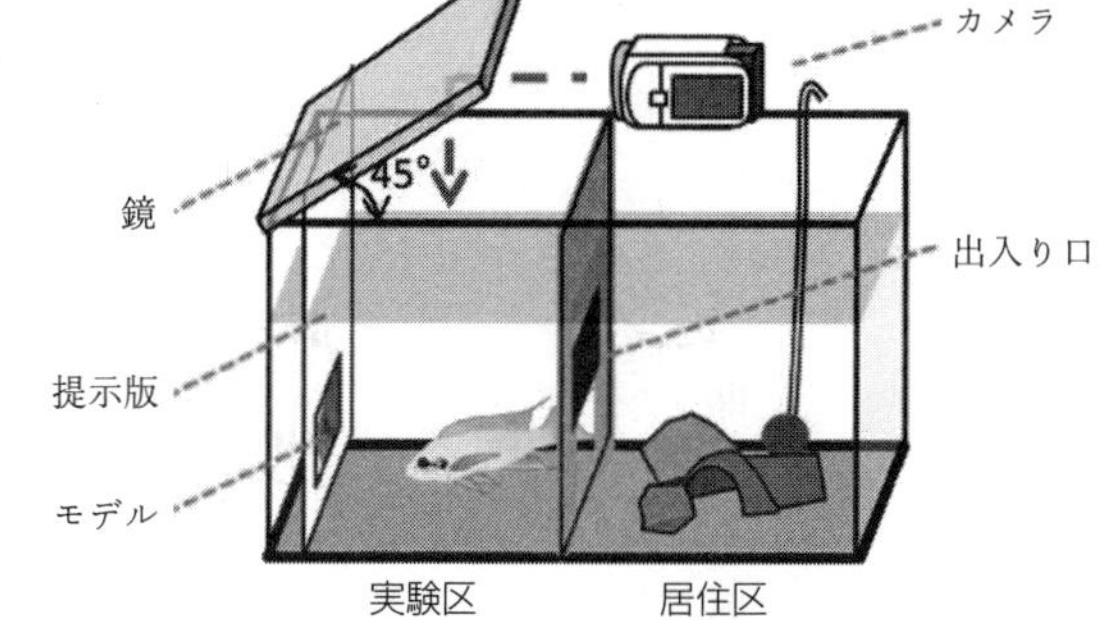

c）

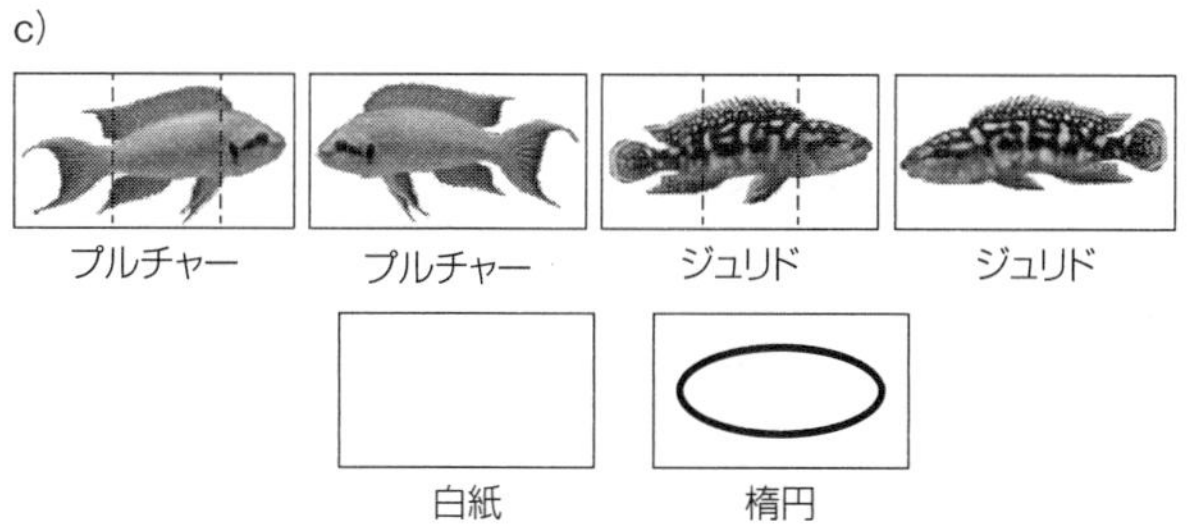

に行いビデオ撮影をした。ビデオを解析すると、プルチャーがスポットを覗き込んでじっとするわずかな間、ビデオを止めて体軸の線を前に伸ばしてみると、その線がスポットに当たったのである。プルチャーは明らかにスポットを注視しているのであり、このとき体軸の線を前方に伸ばせば、どこを見ているのかがわかることになる（図2-8a）。アイトラッキング法に比べて正確さは劣るものの、この方法で魚がどこを見ているかがわかりそうだ。聞いたことのない新方法である。

†やはりはじめに顔を見ている

魚が相手のどこを見るのかを探る実験を行う水槽を図に示す（図2-8b）。

ふだんは居住区にいるプルチャーが、出入り口が開くと実験区に入り、提示板のモデルを見る。居住区から出てきたプルチャーが、はじめにどこを見たのかを調べた（図2-8c）。モデルは、前・中・後に三等分してある。そして、プルチャーが最初に静止し注目している先が、3つの区分のどこであるかを判定したのだ。この方法では、アイトラッキングほどの精度はないが、3区分のどこかという判定ならば問題なくできる。

プルチャーとその共存種であるジュリドクロミスの、それぞれ左右方向を向いたモデル

図2-9 どこを見ているかを調べる実験の結果。顔部、胴部、尾部への注視回数（a）と注視時間（b）。2魚種の右向き、左向きをすべて合計している。回数も時間も顔部をよく見ていることを示している。（Hotta et al. 2019）

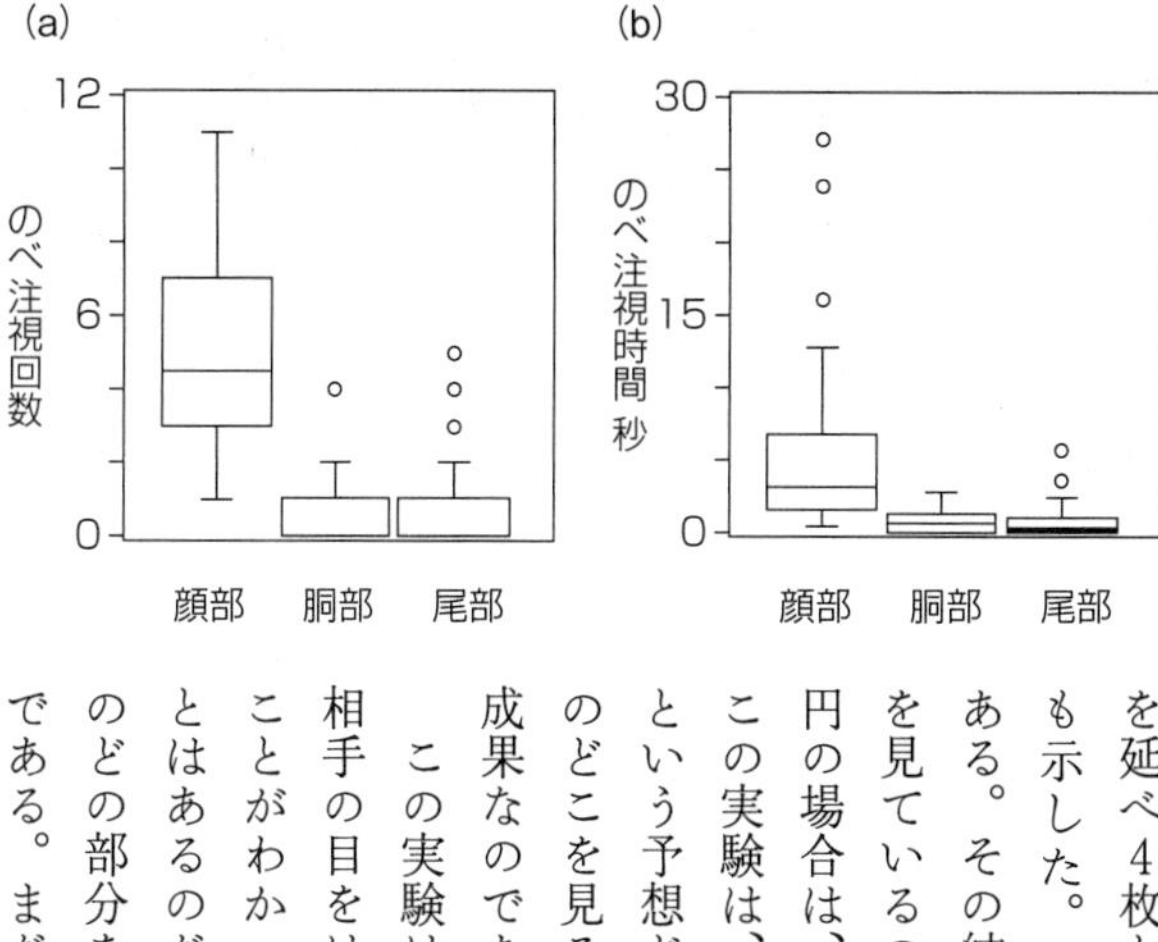

を延べ4枚と、対照実験として白紙と横長の楕円も示した。その結果を示したのが（図2-9）である。その結果は明白である。やはりはじめに顔を見ているのだ。対照実験として示した単なる楕円の場合は、どこも集中して見ることはなかった。この実験は、魚も相手の体の中で顔を最初に見るという予想どおりの結果を示している。魚が相手のどこを見るのか、実はこれも世界ではじめての成果なのである。

この実験はまだ続いている。ヒトは、顔のうち相手の目をはじめに見る。魚は顔をはじめに見ることがわかったが、顔のうちどこかをよく見ることはあるのだろうか？　顔を大きく印刷して、顔のどの部分を見ているのかを検討しているところである。まだ結論は出ていないのだが、顔のうち、どうやら目が重要そうなのである。黒い小さな点が顔認識にとって重要らしいということが、現在わかりつつあるところだ。

3　顔認識相同仮説

†ヒトと哺乳類の顔倒立効果と顔ニューロン

ヒトの顔認識には、顔倒立効果と呼ばれる現象が知られている。ヒトは正立の自然な顔は速くかつ正確に認識できるのだが、上下逆さの倒立にするとその認識が格段に難しくなり、認識が遅れる。この効果のことを顔倒立効果という。顔以外の物体の認識ではこのような認識の遅延は起こらない。

ヒトで顔の倒立効果はなぜ起こるのだろうか？

顔を認識するとき、ヒトは目や鼻などのパーツを別々に捉えるのではなく、パーツとその配置も含めた顔自体を全体処理し、総体として捉えている。この全体処理のおかげで、ヒトは瞬時かつ正確に顔の識別ができるのだ。しかし、顔を上下逆さにすると、この顔としての全体処理ができず、他の物体のように各パーツを個別に捉えてしまうため、顔の認識が遅くなる。顔以外の物体は正立でも倒立でも個別に認識をしているので、顔倒立効果は起こらない。この顔倒立効果は、顔認識での全体処理の能力と大きく関わっている。

顔倒立効果は最初ヒトで発見され、それ以降チンパンジー、アカゲザル、ヒツジ、ウシ、イヌと様々な哺乳類、さらに鳥類のセキセイインコでも見つかった。

ヒトの顔の全体処理には、顔の認識を専門に扱う脳部位や神経細胞があり、顔ニューロンや顔細胞として知られている。詳しいことは不明だが、この顔認識の神経系のおかげで速くかつ正確に顔情報の処理ができると考えられている。この顔ニューロンと顔細胞は、その後、顔倒立効果の知られるチンパンジー、アカゲザル、ヒツジでも確認されている。

†プルチャーの顔倒立効果

これまでのプルチャーの顔認識実験で、プルチャーは隣人の顔を他個体の顔と間違えることはほとんどなく、またその識別速度は0・4秒以下ととても速いことがわかっている。これはヒトの0・45秒を上回る速さである。我々は、プルチャーの顔認識の素早さと正確さ、さらに相手と出会ったときにまず顔を見ることなど、ヒトの顔認知との高い類似性から、彼らの顔認識も全体処理がされているのではないか、すなわち、この魚にも顔倒立効果があるのではないかとの大胆な仮説を考え、実証研究に移った。もちろん、これも世界ではじめての試みである。

第1節で述べたように、プルチャーは既知の親しい隣人の顔と見知らぬ顔を正立で見せると、知らない未知顔のモデルを長く警戒する。この性質を利用して、倒立でこれら2つの顔写真を見せたときの反応を調べ、警戒の程度の違いが有意に小さくなれば、顔倒立効果が検出できる（Kawasaka et al. 2019）。もし顔倒立効果があれば、倒立の顔の区別が難しくなるからだ。

親しい隣人の顔と見知らぬ個体の顔を用意する（図2-10）。この場合は、顔の模様だけを取り出して、第三者の顔に貼り付けている。こうすることで、プルチャーの顔の認知の本質的要素である色彩模様だけが違っている。このため、顔の輪郭や眼は同じであり、隣人か他人かの違いは、顔の模様だけというほんとうにごく僅かな違いだけで見分けることになる。

隣人と未知の他人を左右2つの向きで用意し正立と倒立で見せ、左右の顔を見た回数と時間を記録する。予想では、正立ではすぐに顔認識ができるので、瞬時かつ正確に隣人と

図 2-10 提示板での一対の正立か倒立の写真の見せ方。顔と物体（水槽内のもので作った顔の複雑さを持つもの）を 10 個体に提示する。プルチャーは新規のものを長く見る（警戒する）傾向がある。（Kawasaka et al. 2019）

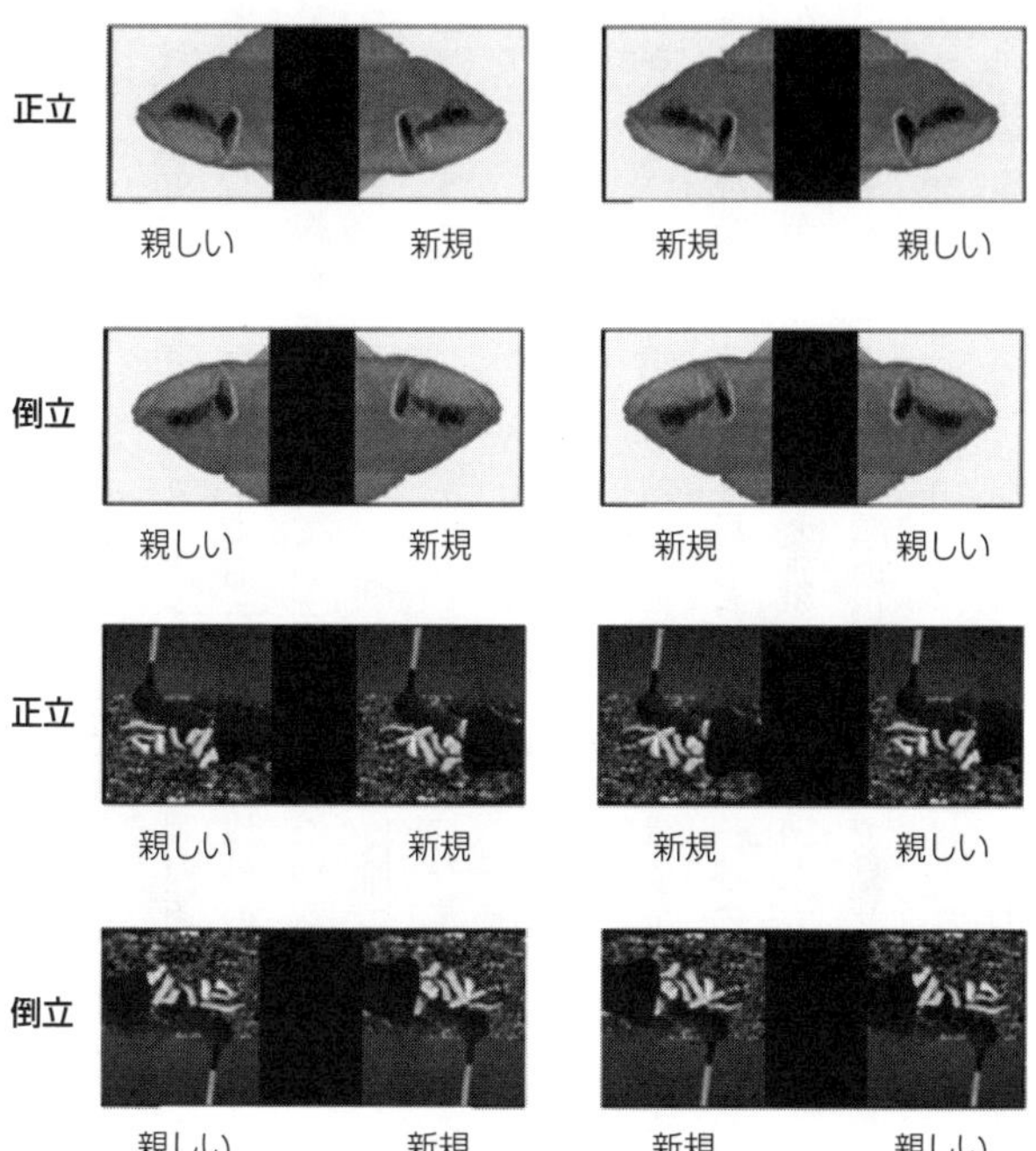

他人顔を区別でき、そのぶん他人顔を長く警戒するはずだ。しかし、倒立で提示されると隣人と他人の区別がつきにくく、両者を警戒する時間差が生じにくくなるはずだ。つまり、正立のときだけ、未知の顔を頻繁にかつ長く見る（警戒する）はずなのである。

顔倒立効果は顔にしか働かないはずであるため、顔以外のもので対象実験を行う必要がある。そこで、構造や複雑さは顔に似ているが顔ではないものを用意した。その対象物は、水槽にあるエアーストーン（眼に相当）、植木鉢（茶色模様）、珊瑚片（頬）、黄色く塗った石（黄色模様）でできており、色合いや大きさ、組み合わせも顔模様に似せてある。しかしながら、どう見てもプルチャーの顔には見えない。ここがミソなのである。この物体写真も見慣れたものと新規なものを用意し、同時に左右に向け、かつ正立と倒立で提示する。これが顔認識されないなら、顔倒立効果は起こらないはずであり、正立と倒立で同じように、親しいものと新規なものを見ると思われる。この一連の研究は、当時大学院生だった川坂健人（かわさかけんと）さんが数年をかけ、博士論文の研究として行ったものだ。

さて結果である。まずプルチャーの顔の場合、正立で見せると、予想どおり他人の顔を時間でも回数でも、偶然の場合（＝0・5）よりも多く見て警戒した（図2-11）。また、倒立の場合と比べても有意差が認められた。というより、倒立だと結果は0・5の近くに

図 2-11 倒立効果実験の結果。顔と対象物を見せたとき、新規の対象を見た割合（時間 a、回数 b）。プロットは１個体。顔正立では、時間・回数とも新規をよく見ている。対象物正立では回数で新規を見ることが多くなっている。正立と倒立との間で差があるのは顔だけであり、対象物では差は出ない。これは顔の倒立効果があるからである。＊と＊＊は有意差 P ＜ 0.05 と＜ 0.01。NS＝有意差なし。（Kawasaka et al. 2019）

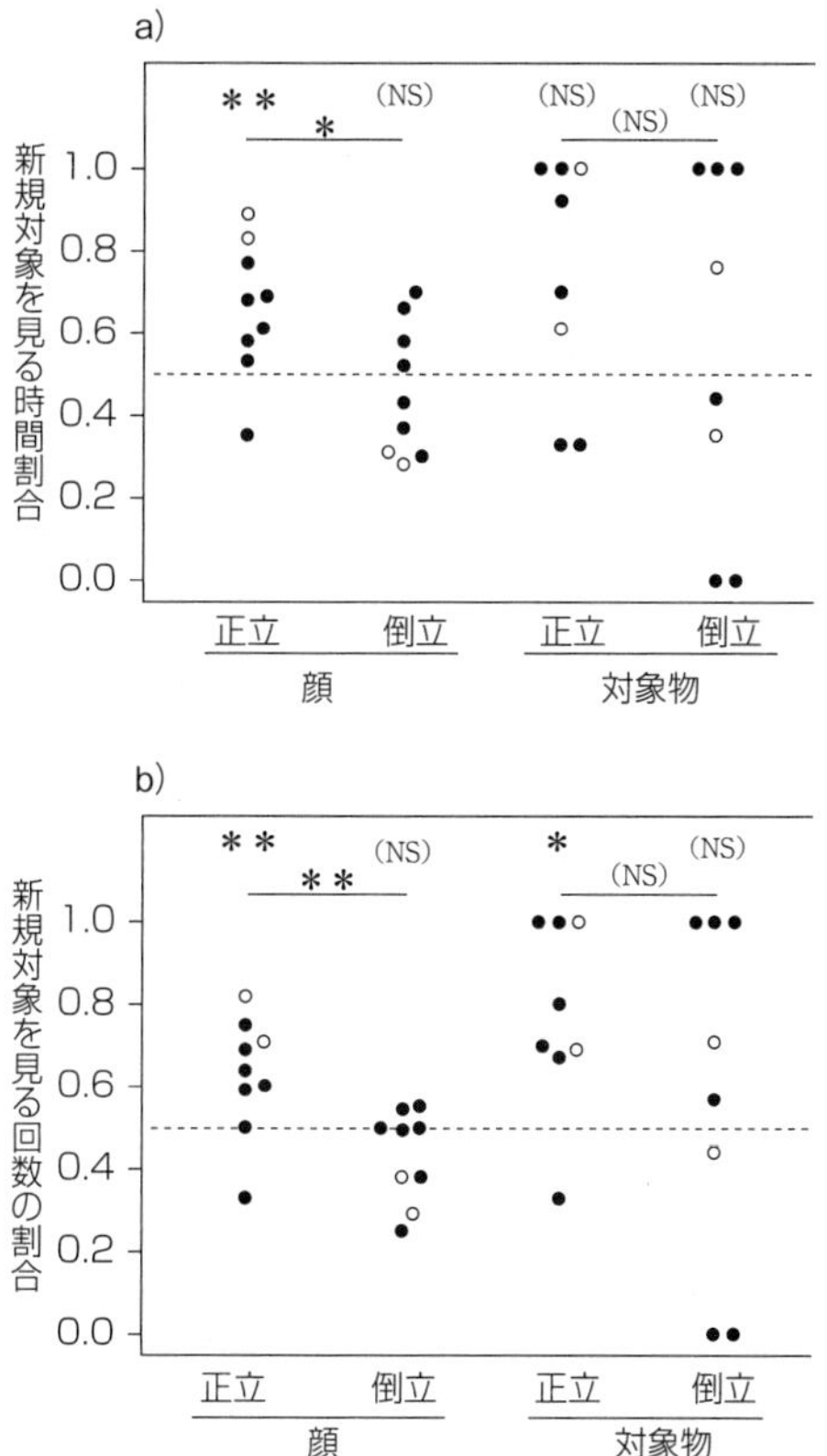

分布しており、ランダムに近い。倒立では、どちらが他人でどちらが親しい隣人の顔なのか、区別が相当に難しいようだ。以上の結果は、プルチャーが同種個体の顔を見た場合、顔倒立効果が明らかに働いていることを示している。

これに対し、対象物（水槽内の小物を顔模様状に配置したもの）の場合は、正立時に長く頻繁に見る傾向がある（ただし、有意差があるのは回数だけ）。これに対して、倒立では偏らず、時間と回数ともに、正立と倒立との間に有意差は見られなかった。このことは、対象物では顔倒立効果が働いていないか、働きにくいことを示している。顔模様との複雑さは似ていても、顔でない物体の場合、顔倒立効果は働いていないようなのだ。この結果は、ヒトや霊長類などで知られる顔の倒立効果がプルチャーにも存在することをはっきりと示している。ほぼ同じ顔倒立効果は、メダカでも確認されている（Wang, Takeuchi 2017）。

†顔ニューロンの相同という仮説

顔倒立効果が知られているヒト、類人猿、アカゲザル、ヒツジなどでは、顔情報の処理を専門に担う顔細胞や顔ニューロンの存在が確認されている。顔倒立効果がどのような機構で起こるのかはわかっていないが、これら顔神経系の働きによると考えてよいだろう。

そうすると、プルチャーでの実験結果は、魚にも顔神経系が存在する可能性を示唆している。

魚類が仲間の顔を見て個体認識をしていることは、ヒトや多くの哺乳類と大変よく似ている。この類似性は偶然ではないだろう、と私には思えてならない。

魚類と哺乳類やヒトの顔認識の進化には、大きく2つの経路が考えられる。1つ目は、魚とヒトで顔認識の機能と機構が別々にまったく独立に生じた場合で、たまたま似ているという可能性である。この場合、両者の顔認識様式は「相似」ということになる。この場合であれば、顔認識もたまたま同じで、顔倒立効果も偶然同じだったということになる。さらに、真っ先に相手の顔を見るのもたまたま同じとなる。偶然にしては、似すぎている。

もう1つは、両者とも同じ起源を持つという場合で、いわば「相同」の可能性である。

脊椎動物の進化をざっと振り返ると、古生代のデボン紀に大きな大陸が低緯度地域に現れ、ここに現在のアマゾン流域の5倍ほどの広さの熱帯淡水域が数千万年の間出現した。ここで大繁栄したのが硬骨魚類であり、そのなかから陸上脊椎動物が現れる。実は現在の熱帯淡水域であるタンガニイカ湖やアマゾン流域のような流れのない、あるいは緩やかな淡水環境では、我々がタンガニイカ湖で調べてきたように、魚類は定住生活し、社会性が発達し、子育ても広く見られるのである。魚類による子の保護が、淡水域で進化する傾向は、いくつかの教科書で指摘されている。デボン紀の広大な熱帯淡水域で硬骨魚類が子育てと複雑な社会を大いに発達させたというのは、十分ありそうなことなのだ。

第一章で登場した陸上脊椎動物の祖先であるユーステノプテロンが、ピラルクのようにペアで子育てをしていた可能性だって十分考えられる。もしそうなら、彼らも顔に基づく個体識別をしていたことだろう。縄張り関係や順位関係も当時の淡水域でも生じたはずだし、そこでは個体識別の能力は不可欠であり、顔認識の能力が進化したことは十分ありえる。そして、この時代の硬骨魚類で顔細胞や顔ニューロンの原型が出来上がったのではないか、と我々は考えている。

このときに発達した顔神経系は、陸に上がったイクチオステガ、デボン紀に続く石炭紀に大繁栄した両生類にも引き継がれたことだろう。さらにその石炭紀の末に現れる哺乳類の祖先の単弓類（たんきゅうるい）たちの社会にも発達していたはずだ。ここでも顔認識は連綿と引き継がれ、原始的な哺乳類になっても途切れることなく使われたことだろう。この顔認識とその神経基盤が進化の中で途切れ、まったく新たに作り出されたとは考えにくい。つまり、これら顔認識とその神経基盤も引きつがれてきた可能性がむしろ高いと考えられる。この

「顔認識相同仮説」が正しいなら、我々ヒトは、魚類の進化段階で獲得された顔認識能力を現在も引き継ぎ、それを使っていることになる。

この仮説は、ヒトの顔認知様式は、ヒトや類人猿が複雑な社会生活に応じて獲得したとする現在主流の考えにまったく逆行する。私の提案する顔認識システムは、ヒトも魚も顔ニューロンという遺伝的な神経基盤に支えられ、その神経基盤は古生代で確立されたという考えである。顔細胞や顔ニューロンかその原型が魚類段階で進化したという考えは、あながち間違いではないだろう、と私は考えている。しかし、研究は始まったばかりである。関連する顔細胞や顔ニューロンのタンパクの遺伝子組成などを調べれば案外すぐにわかるのかもしれない。今後の研究の展開が大いに期待される。

第三章 鏡像自己認知研究の歴史

前章までの生物学の分野の話題とはガラリと変わり、いよいよ本章から鏡像自己認知の話に移りたい。ここではその研究の歴史と、動物が鏡像自己認知できることの意義について考えてみたい。特に大事な点である自己意識の問題を、様々な学問分野や諸活動とも関連づけて、その意義を検討したい。

1　自己認識あるいは自己意識(Self-awareness)の捉え方

†「我思うゆえに我あり」

私が高校1年生のころ、弟が小学校2年生か3年生のある日のことだ。ふたりで家にいたとき、弟が困ったような真剣な顔つきで、「お兄ちゃん、なんで僕いるの？」と聞いてきたことがあった。その質問があまりに衝撃的で、いまでもその場面を覚えている。ひとり心の中で「子供とばかり思っていたが、こんなことを考えている！」と叫んだ。そのあとの会話はよく覚えていないのだが、うやむやに終わった、いや終わらせたのだと思う。すでに本人も忘れているだろうが、それは自分が存在する理由はなんだという、まさに哲学的な問いだった。多くの人が子供のころにこのような疑問を抱くが、納得できる答えは得られず、うやむやなまま大人になる。

この自己の存在を顧みる能力や、自己の存在理由を考えようとすることは、ヒトに特有な資質だと見なされている。デカルトは、人間を精神と肉体の2つに大きく峻別して捉えた。彼は動物にも知能はあるとしてはいたが、動物には自己を振り返る能力はないと考え、動物が自己や「こころ」を持つことはないと見なしていた。

このデカルトの考え方は、その後の近世西洋哲学に大きな影響を与えていく。デカルトの考えのポイントは、大きく3つにまとめられる。それらを簡単に紹介し、最近ではそれらがどう捉えられているのか見てみたい。

1つ目は、人間の存在を特徴づけているのは、自己の存在を認識すること、と定義したことである。デカルトの、「ものの存在を疑う自分の存在だけは疑い得ない」という言葉、「我思うゆえに我あり」は有名である。人間の自己とは自分を意識することである。具体的には自己意識（Self-awareness：セルフ・アウェアネス）ということになる。この自己意識とは、自分自身の心的な状態を省みる能力であり、自己を他者とは異なる存在であると捉える能力である。前世紀までは、自己意識は、人間にのみある能力と見なされていた。

その後の多くの哲学者や科学者も、人間の自己と自己意識こそが、おそらくは人間を定義するのにふさわしい特徴であると見なしてきた。心理学者であるフロイトやユング、発達心理学者のピアジェをはじめ、多くの哲学者や心理学者が自己意識（Self-awareness）を認知や意識と結びつけ、それぞれの持論を展開していく。

2つ目が、自己意識を持たない動物には自己はないということ。最も高度な意識である自己意識は、デカルトは人間だけに存在すると見なしていた。動物が自己の存在に気づかないとする根拠として、デカルトは①動物には言語がないこと、②動物が本能に基づいて行動すること、③その行動は紋切り型であり融通性がないことを挙げている。このように、動物は刺激に対し反射的に反応するだけで意識もない機械と同等な存在とまで見なしていた。しかし、前章や最近の認知行動の研究成果を見てみると、動物を魚にまで広げたとしても、根拠のうち、言語を除いた後二者については間違っていることはほぼ明らかだ。

さらに、デカルトは自己や自己意識を現在の認知科学の意味合いではなく、肉体と対比させ、「不死の心的実体」としての精神、つまり神秘的で超自然的存在である霊魂として捉えていたようだ。この霊魂の捉え方は、プラトンの「霊魂は死によって肉体から離れたあとも存在し続ける」という言葉と繋がっている。デカルトは、霊魂を動物には認めていない。自己意識や自己がないと見なし、本能的に決められたようにしか動かないし、機械のような存在とまで見なした動物であれば、動物に霊魂がないことは当然であろう。

人間の霊魂の存在については、現在でも広く受け入れられている。例えば、現在の日本人の過半数が、超自然的存在として、あるいは科学的には扱えない存在として、人間に霊魂があるという考えに肯定的立場をとっている。

3つ目に、デカルトは自己意識の宿る場所を突き止められると考えていた。当時彼は、それは脳の松果体（しょうかたい）だと考えていたようだが、それは間違いである。しかし、当時において、自己意識が脳に宿るという考えは、かなり画期的な発想だと思われる。

ヒトの様々な脳障害の症例に伴う、自己や自己認識に関する諸症状の解析から、現在では自己意識にかかわる脳部位がかなり詳しくわかってきている。どうも、ここで自己が認識されるという特定の場所があるのではなく、複数の部位を経て認識されていることは確からしい。いずれにせよ、当然ながら脳の神経活動によって、意識や自己意識がもたらされていることは間違いない。脳神経学者はもちろん、生物学者、比較認知科学者はじめ、多くの研究者は、意識は脳の神経生理作用により生じていると考えている。

†「神は妄想である」

このように、現在では多くの研究者は、超自然的な霊魂や神の存在を想定しないし、信じていないと言っていいだろう。もちろん私もそうだ。そのような、根拠のない妄想めいたものを持ち出さなくても、意識や自己意識は説明できるからだ。アインシュタインは、人格を持った神の存在を否定していたし、進化生物学者のリチャード・ドーキンスは『神は妄想である』という本を著し、宗教からの決別を宣言した。

しかし、神や霊魂という観念的概念はたちが悪い。その存在を論理的に否定することができないからだ。何ごとであれ、その「もの」が存在しないことの証明は論理的にはできない。だから無の証明は「悪魔の証明」と呼ばれている。このため、いくら科学が発達しても、「霊魂の存在を否定できないではないか」として、神も霊魂もいつまでも人々の心に存在し続けるのだ。そして、どう考えるかは立場の違いに過ぎない、というような虚しい話に落ち着いてしまう。

自己が重要なのは、哲学や心理学だけではない。先にも触れたが、宗教においてもそうである。ざっくりいえば、自己がどうあるべきかという問題を考え極めるのが宗教だろうか。キリスト教では、内省と神前での告白により「懺悔」して自己を改善することができ、仏教では瞑想と自己の超越が悟りの中心的部分を占め、「無」や「無我」の境地での悟りとなり、極められる。このように、哲学や心理学、さらに宗教においても、人間に特有とされる自己意識や自己が長年大きな問題として存在していたし、今もそうである。そして、それに基づき、神や霊魂という人間にだけ関わる、超自然的な存在が生みだされる。

†人間中心主義をひっくり返す

しかし、やや大袈裟にいうと、これが覆る時が来る。ゴードン・ギャラップ教授が、チンパンジーが鏡で自分を認識できること、すなわち鏡像自己認知を証明したときである(Gallup 1970)。

デカルトは、人間だけが自己の存在に気づき、自己を客観的に捉えることができる自己意識を持つと考えた。もし、鏡像が自分だと認識できる鏡像自己認知に、自己意識が必要とされるなら、デカルトの考えでは動物は鏡像自己認知ができないはずだ。

ところが、ギャラップ教授の研究は、動物が自己認識すること、つまり自己意識を持つことを示したのである。その意味で、この研究は画期的であり、持つ意義は極めて大きい。

ただし、動物といっても、チンパンジーはヒトに最も近縁な類人猿である。同じヒト科の大型類人猿であり、人間中心主義の立場にとっても、まだこの結果は比較的受け入れられやすかった。

それが今世紀に入り、イルカ、ゾウ、そしてカラスの仲間のカササギでも、自分の鏡像が自分であると認識できることが確認されたのだ。ここまで来るとさすがにチンパンジーと同じようにはいかない。かなりの数の動物が、自己意識を持つことになるからだ。とはいえ、いずれも頭の大きな賢い動物である。まだ何とか我慢できたのかもしれない。

そして、魚も鏡像自己認知できることが、我々の実験によりついに確認された。もし、この自己認識能力が自己意識に基づいているのであるならば、これまでとはまるで話が違ってくる。何しろ、あの最も原始的とされる脊椎動物である魚なのだ。西洋哲学、心理学、宗教において、自己意識や霊魂といった概念は人間特有のものであり、これらは動物には当てはまらないという前提で成り立っている。魚の鏡像自己認知を認めることは、脊椎動物全体の自己意識を認めることと同義であり、その帰結として脊椎動物に霊魂の存在を意味することになりかねない。

魚の鏡像自己認知は、従来の西洋哲学や宗教など、いわば人間中心主義の前提をひっくり返しかねない。多方面において、とても受け入れがたい話であろう。

2 動物での鏡像自己認知の研究の歴史

†観察から実験へ

鏡に映る姿を自分だと認識できるかどうかを確かめるのは、自己認識ができるかどうかを調べる重要な方法のひとつである。

鏡の姿が自分だとわかること（あるいはわかる能力）である鏡像自己認知の検証を行うときは、ヒトを研究対象とするならば、質問して言葉で答えてもらえばいい。だが、動物ではそうはいかない。動物が認識したのかどうかは、彼らの動きや反応、ときには表情などを注意深く観察し、「行動で返事をさせる」うまい実験を組むしかない。対象個体に感情移入をして、「きっとこう感じている、思っている」のだろう、というのでは説得的でないし科学的ではない。認知研究であっても、きちんと対照実験を行い、疑問の余地のない結果の提示が重要である。

動物を対象とした鏡像自己認知の観察は、古くから行われている。実はダーウィンも行っていた。動物園で飼育されているオランウータンに鏡を見せ、その反応を見るあたりはさすがである。さらに自分の幼児にも鏡を見せ、ヒトの子供がどのように自己認識するかも考察している。しかし観察の記載はあるが、さすがに実験まではしていない。動物の鏡への反応も、しっかり見ればおおよその推測はできる。しかし、鏡像自己認知は、言葉を話さない動物の場合、擬人化して解釈できても、客観的に評価することは難しい。動物ではじめて説得的な実験により、客観的証拠を示した人物が、これからたびたび登場するギャラップ教授である。先にも述べたように、この画期的な実験がなされたのは1970年のことで、対象はチンパンジーであった。

チンパンジーにはじめて鏡を見せると、彼らは鏡の中に知らないチンパンジーがいるかのような威嚇(いかく)や攻撃的な振る舞いをする。鏡の中に他個体がいると勘違いしているのだ。しかし、しばらくすると、鏡に向かって腕を振ったり体を揺すったりなどと、普段はしない不自然な行動をとる。それと同時あるいはしばらく後に、鏡に向かって自分の口を開いて中を調べたり、普段は見えない股間などを調べたりする。ギャラップ教授はこのとき、チンパンジーは不自然な行動をすることで、鏡像と自分との動きの随伴性(ずいはんせい)(=同調性)を調べ、そして鏡像そのものを自分だと認識していると確信したようだ。しかし、この観察だけでは、研究者がそう思っているだけだと言われれば反論できず、説得力は弱い。

†マークテストの誕生

動物が鏡に映る姿を自分だと認識していることを示す方法は何かないか、とギャラップ教授は考えた。それまでは、動物は自己を意識し省みることはないとされたが、これも信念であって、決して根拠を示して検証されたわけではない。動物が自己を理解するなどできないと、デカルト以来、思い込んでいただけのことである。もちろん、神に似せて作られたのが人間であり、あらゆる生き物の中で人間が最も崇高な存在だというキリスト教の価値観がベースにあったことは間違いない。

デカルトの時代にも鏡はあったようなので、動物が鏡を見て鏡像は自分だと認識できるのかどうかを検証する実験の手法を開発することは可能であった。しかし、動物行動の研究がまだまだ未熟だった当時、そのような試みはされなかったし、できなかった。ギャラップ教授が考え出した方法は、そんなことなら私でも考えると思わず言いそうなほど、簡単な方法である。

チンパンジーをイメージしながら考えてみよう。重要なので詳しく説明すると、まずはチンパンジーに、鏡像自己認知ができたと思われるまで、長時間鏡を見せる。次に、気づかれないように本人には直接見えない額に印をつける。本人には額は見えないので、印は見えない。印には匂いも刺激もないので、本人は鏡を見ないと額の印はわからない。印をつけ終わってから、実験個体が額の印に気がつかないことを確認する。確認後、このチンパンジーにもう一度鏡を見せるのである。もし本人が鏡を覗き込んで、試行錯誤することなく自分の額の印を触ったのなら、自分の額にこれまでなかった変なものがついていると認識したことを示している。つまり、鏡像が自分だと認識していることが示されたことになるのだ。

これだけのことであるが、この動きは鏡像が自分であると認識してはじめてできる行動であり、自己認識の証拠になる。印が鏡の中の個体についていると認識したのなら、自分の額ではなく鏡像の印を触ろうとするはずだ。迷わず自分の額を触るのは、鏡像は自分であると認識している、つまり鏡像自己認知している証拠である。

ギャラップ教授は、若くて鏡を見たことのないチンパンジー4個体を対象にこの実験を行った。4頭ともはじめは鏡像に威嚇したり、大声をあげたり、攻撃的であったが、やがてどうやら自分だと認識できるようになったようだ。鏡を覗き込んで自分を観察している。鏡を見せて10日が過ぎ、いよいよ実験を行った。教授はこれらのチンパンジーに麻酔をし、額に赤い印をつけた。目覚めた彼らを観察しても、彼らは額の印に気づいておらず、印を触ることは一切なかった。そこで、いよいよ最終実験である。彼らに鏡を見せたのだ。彼らは鏡が何かを知っており、鏡を見てももう大騒ぎはしない。鏡を覗き込んだあと、なんと4頭すべてが自分の額の印を触ったのである。これは、動物が自分を認識できることを、正確に示すことができた歴史的な瞬間であった。赤い印をつけたこの方法は「マークテスト」や「ルージュテスト」と呼ばれている。

さらに、触った指先をじっと見つめて鼻に近づけ、指についた印の匂いまで嗅ごうとした。これは、自分の額に赤い何かがついており、それを擦って指についた赤いものが何かを調べているのである。この結果は、チンパンジーが鏡に映る姿が自分であることを正しく認識していることを、はっきりと示している。

†チンパンジーでの成功が示すこと

この結果は、1970年、自然科学では世界の最高峰の科学雑誌のひとつである

『Science』に3ページの論文として掲載された。さらに、ギャラップ教授は、鏡像が自分であることを認識するには、自分の姿のイメージを持続的に持っていなければならないと主張した。実験対象のチンパンジーが鏡をはじめて見たときには自分の姿のイメージを持っておらず、鏡像を見知らぬ他個体と見なしたわけだ。しかし、マークテストに合格するころには画像として記憶した自分のイメージがこころにあり、それと見比べて鏡像が自分であることを認識し、さらには自分に赤い印がついていることを認識するのだ、と彼は考えた。

教授自身も書いているように、この研究は、人間に近い動物が自己概念を持つことをはじめて実証的に示した研究である。チンパンジーの精神的内面が、これまで思われてきた以上に、はるかに人間の内面に近いことが示された。その後、チンパンジーの言語能力や様々な認知能力が明らかにされてきたが、この発見は当時としては画期的だった。人間以外の動物も、自己を振り返り自己を認識できる可能性が出てきたのである。

†自己認識は大型類人猿になってから?

大型類人猿のうち、チンパンジーはヒトに最も近い。ヒトとチンパンジーが共通の祖先から分かれたのは約700万年前である。では他の霊長類はどうなのだろうか？　ギャラップ教授は同じ論文で、アカゲザルなどについても報告している。アカゲザルやニホンザルはオナガザル科に分類され、彼らはヒト科と2500万年前までに分かれたとされている。これらのサルは、鏡像をいつまで経っても自分だと気づく様子もなく、ギャラップ教授は、アカゲザル類は鏡像自己認知ができないとの結論を下した。つまり、自己認識能力や自己概念という高度な認知は、類人猿の段階になってから獲得されたものだろうと推測した。

その後当然ながら、様々な霊長類でマークテストが実施されていく。類人猿では、オランウータン、チンパンジーに近いボノボでできることが確認された。しかし、系統的にはオランウータンよりもヒトに近いゴリラではなかなか確認されなかった。このため、ゴリラが鏡像自己認知できない理由が数多くあげられ、相当に議論がなされた。

どうやらその真相は、ゴリラ自身の社会的習性にあるようだ。彼らは面と向かって相手の顔をまじまじと凝視することがない。そのため鏡の顔をしっかり見ることがなく、その認識が難しいようなのだ。最初にゴリラで鏡像自己認知が確認されたのが、幼いころからヒトと生活し、手話でヒトとコミュニケーションをとることのできた雌のゴリラのココであったことは偶然ではないだろう。ココはゴリラの「しきたり」からかなり解放されていたのだ。その後、他のゴリラでも確認され、ゴリラは鏡像自己認知ができると見なされている。現在ではヒトも含め大型類人猿はすべて、鏡像自己認知ができると見なされている。では、その先の祖先はどうだろうか？

系統的には、小型類人猿であるテナガザル類との共通祖先がその先にくる。現在のところ、テナガザル類の鏡像自己認知はできるという研究と、できないという研究が、拮抗している状況である。しかし、注意しておきたいのは、マークテストに合格しないことが、鏡像自己認知ができないことの証明にはならないという点である。私は、テナガザルがマークテストに合格しないのは、それらの実験方法に問題があるからだろうと考えている。

ギャラップ論文以降、サル類の多くは鏡像自己認知ができないと考えられている。サル類には旧世界のオナガザル亜科、コロブス亜科、南米のクモザル科、オマキザル科、小型のマーモセット科などが含まれる。これまでのところ、マークテストに合格した種はいないとされているが、できるとする研究も少なくない。ただ、再現実験が難しいのが現状だ。

鏡像自己認知は、霊長類のうち大型類人猿はできる、小型類人猿はできたりできなかったり、その他のサル類は、ほぼできないというのが、現在の世界の霊長類学者の認識である。このため、世界の多くの人類学者や霊長類学者は、ヒトの自己認識能力の起源は、大型類人猿の段階で進化したとの見方をとっている。このように、動物にも自己認識能力があるといっても、ヒトに近い類人猿だけなのである。しかし、2001年以降、霊長類以外でも、鏡像自己認知の検証例が出てきた。

3 霊長類以外への鏡像実験

†ハンドウイルカとアジアゾウの例

霊長類以外で、大きな脳を持つ賢い動物といえば、その代表はイルカとゾウである。賢さだけではなく、老齢個体を中心に社会を作り、群れのメンバーを助けたり、相手を思いやったりするなど愛情の深さでも知られている。

最初に、霊長類以外の動物で鏡像自己認知が報告されたのはハンドウイルカである。イルカの鏡像認知にはいくつもの報告があるが、有名なのは何といっても大きな飼育プールで研究したローリ・マリノ教授らの研究である。イルカは手足や指がなく、マークを触ることができない。さらに動物園での飼育個体のため麻酔もできない。マリノ教授らは、大きな飼育プールで次のような実験をした。

イルカたちをプールサイドに上げ、自分では直接見ることができない頭、喉、背中、腹のどこかにマークを施す。この場合、イルカは何がつけられたのか直接は見えないが、何かがつけられていることはその触覚でわかる。実験用の鏡はマークをつけるプールサイドから30mほど離れたプールの水中の壁につけられており、イルカはその鏡の場所をよく知っている。プールサイドでマークをつけられた後、そのマークを見るために彼らが鏡の前にどのように向かい、どう振る舞ったのかを詳しく調べた。

鏡の前でイルカは、マークの場所が鏡に映るような姿勢をとり、しばらく見ていたのである（図3-1①）。対照実験として水でマークをつけた場合でも、マークだと思い鏡の前にすぐに行くが、何もないことを確認するとすぐに鏡の前を離れる。また、プールサイドに上がっても、何もつけないという別の対照実験もしている。この場合、イルカは鏡を見にも行かないのである。何もついていないことがわかっているのだ。

これらの実験結果だけでは、厳密にはマークテストに合格したとはいえないとの批判がある。鏡を見て、自分自身の体のマークを触ったわけではないからである。しかし、マー

図3-1　マークテストに合格した動物。
①ハンドウイルカ：a おでこのマークを見ている。b 腹のマークを見ている。(Reiss and Marino 2001)
②アジアゾウ：A おでこのマーク。B 鼻でマークを触っている。(Plotnik et al. 2006)
③カササギ：A 嘴で喉の赤いマークを取ろうとしている。B 足で赤いマークを取ろうとしている。(Prior et al. 2008)

①

②

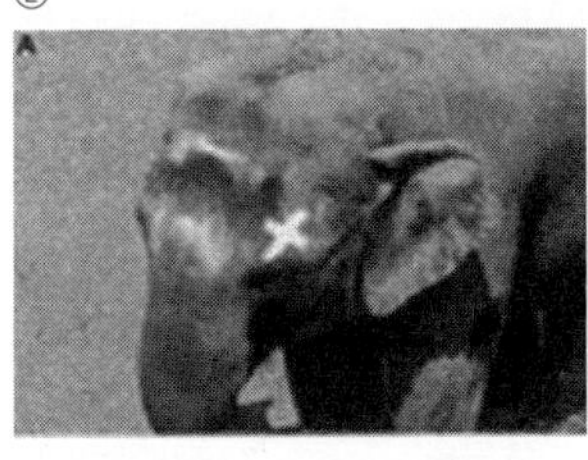

③

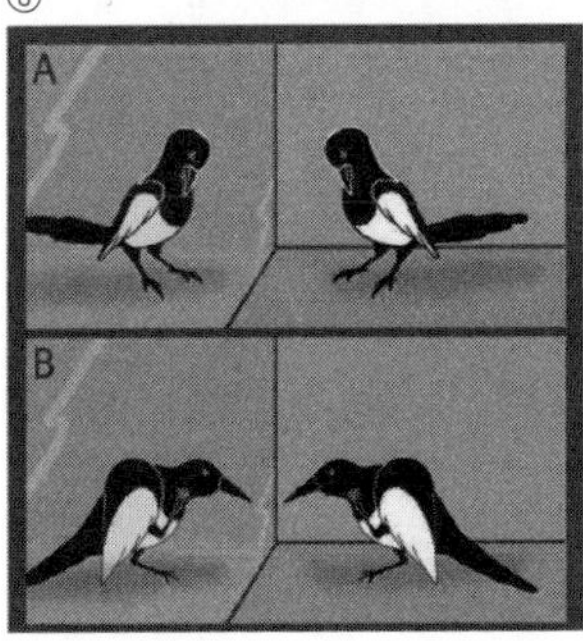

クを見るために、イルカは水中でマークの場所ごとに独特の姿勢をあえて取る。そして水のマークの場合、しばらく見て色がないのを確認すると、すぐに鏡の前からを離れる。これらのことは、自分の体のどこにマークがつけられたのかがわかっていることを示している。つまり自分の体そのものを認識できていると考えられ、イルカが鏡像自己認知できているという考えは、ほぼ受け入れられている。

アジアゾウについては、ニューヨークのブロンクス動物園の3頭で実験がなされた。それまでもゾウに鏡を見せる簡単な実験はなされていたが、うまくいっていなかった。そもそもゾウが鏡に興味を示さない一番の原因は、大きなゾウには鏡が小さく、体の一部しか見えていないということだ。そこで、この実験では縦横ともに2・5mの鏡が、広い放飼場の壁につけられた。

大きなゾウへの麻酔は、死なせる危険が高くて、とてもできない。そこで研究者がとった方法は、目の上左右両方の額に印をつけることだった。片方は白いマークであり、もう片方は乾いてしまう水である。ゾウはどちらにマークがつけられたかがわからない。だから、もし鏡を見てマークだけをこすれば、つけられた場所を触覚で覚えているのではなく、マークを見て触ったことになる。

結果はどうか。対象個体の3頭すべてが、鏡を見る前には額のマークを触らなかった。そして、ハッピーという雌のゾウが、鏡を見た後に額の白いマークだけを何度も触ったのだ（図3-1②）。このことから、ハッピーはマークテストに合格した、すなわち鏡像自己認知ができると見なされた。

この実験者のひとりであるチンパンジー研究の権威フランス・ドゥ・ヴァール教授は、ゾウの鏡像自己認知はヒトや類人猿のものとは独立に進化したと考えている。ゾウ、イルカ、類人猿とヒトで、それぞれの社会の進化に応じて別々に発達したとしているのだ。この考えには、私はまったく同意できない。

ともかく、哺乳類で鏡像自己認知ができるのは、その時点では類人猿とイルカ類という脳の大きい賢い動物だけであったが、この実験により、ゾウがそのメンバーに加わったのである。類人猿から遠く離れた2つの系統へ、自己認識能力の幅が広がった。

†ついに鳥でも確認された

さらに、2008年に出された論文で、カラスの仲間のカササギでマークテストの合格が報告された。調べられた5羽のうち2羽が合格している（図3-1③）。カササギの実験では、自分では直接見えない場所として、喉に小さな色付きのシール（赤・黄・黒）が貼られた。喉であれば、クチバシで触ろうとしたり、足で引っかいたりできるからである。他の動物のように額にマークをつけたとしても、クチバシでは触れない、足も届かないとなると、マークがわかっていても触れず、実験にならない。ここでは、カササギに合わせて適切に実験をアレンジしたわけだ。

その結果、鏡を見せたときだけ、2羽が足やクチバシで赤や黄色のマークを擦り取ろうとしたのだ。黒いシールは羽の黒に紛れ、気づかないようで擦らない。さらに赤や黄色のマークがあっても鏡がないとマークは見えず擦ろうとしない。つまり、この2羽は合格である。カラスは鳥の中で最も賢いといわれており、事実、脳のサイズは鳥類の中で際立って大きい。この論文が出たとき、自己認識能力は、3億年前まで遡ったともいわれた。哺乳類と恐竜（と鳥類）の祖先が分かれたのがこのころだからである。あるいは、前項のゾウの実験と同様に、カササギと類人猿の自己認識能力は、独立に進化してきただろうとも見なされた。いずれにせよ、記憶力が弱いなどとばかにされていた鳥類の知性が、再評価されることになるきっかけのひとつになったことは間違いない。

†ギャラップ教授らの立場

チンパンジーの鏡像実験を行ったギャラップ教授らは、鏡像自己認知ができるのは大型類人猿だけであるとの立場をとっており、それを現在（2021年）も崩していない。彼はイルカ、ゾウ、カササギでは研究の例数が少ないと批判している。当初イルカでは2頭が、アジアゾウで3頭中1頭が、カササギでは5羽中2羽がマークテストに合格しているが、これでは再現性がないと言う。これに対してチンパンジーはすでに100頭以上が実験され、そのうち約40％がマークテストに合格している。

さらに、カササギでは、シールをつけるという方法に問題があるかもしれないとする論文や、8羽で追試実験したが1羽も合格しなかったという論文が最近になってでた。ギャラップ教授がこれら否定的検証論文を引き合いに出さないわけがない。鳥類では、オウムの仲間、カラスのなかでも高度な道具の使用で知られるニューカレドニアカラスもマークテストに合格していない。ギャラップ教授は2021年の論文で、鳥類に鏡像自己認知の能力はないだろうと述べている。

実は、その他にもマークテストは様々な動物でなされている。しかし、そのほとんどで成功していない。研究例はいくらでもあるし、そもそも失敗例は、論文はもちろん学会発表もされないことはふつうであり、このため失敗例の実数はわからない。

マークテストが行われた身近な動物としては、イヌやネコが挙げられる。彼らは、まずはじめ鏡像を他個体と見なすようで、最初は攻撃的である。その後、鏡の裏を調べたりするし、鏡を何度も見せていると慣れてくるようだ。しかし、その先の段階に行かないのだ。マークを気にしないのである。ブタも今のところ鏡像自己認知の検証には成功していない。

しかし、これらの動物でも鏡の性質は理解しているのだ。鏡を使わないと見えないところに餌を隠した場合、鏡を見て正しく餌の場所を認識できるのだ。これには調べられたほとんどのサル類、イヌ・ネコ、ブタの他、オウムも含まれる。鏡は何かがわかっていても、マークテストに合格しない。これは一体なぜなのだろうか。鏡がわかっても、自己認識ができないということなのだろうか。しかし、チンパンジーでも、全個体がマークテストに合格できるわけではなく、全体としての合格率は低い。同じ個体でもある年はできても、別の年にはできない。その理由はよくわかっていないのだ。

†魚の鏡像自己認知

私はこの本で、魚も自己認識ができることを述べようとしている。ただし、その結果から、ヒトと同じような自己意識があると主張するのではない。自己意識があったとしても、どんなものか、これまで誰も検討も調べもしていないので、まったくわからないのである。

ここまで見てきたように、今のところ鏡像自己認知ができる動物は、類人猿、アジアゾウ、ハンドウイルカ、カササギくらいである。魚に鏡像自己認知ができるということは、その子孫である両生類、爬虫類、鳥類、哺乳類の多くの種にも潜在的能力がある可能性を示唆する。その意味でも相当に過激な話になる。

しかしこれから見ていただくとおわかりいただけるが、もはや魚が鏡像自己認知できるとしか考えられない結果が、いくつも出てきたのだ。もし魚にも自己認識ができるということになると、これまでの動物観や人間観にも影響するだろうし、また、人間だけが賢いという常識に大きな疑問を投げかけることになる。

第四章 魚類ではじめて成功した鏡像自己認知実験

これから本書の核心、魚類の鏡像自己認知の話題に入っていく。本章では、私が行った研究の過程を、時間の流れに沿って紹介したい。この研究が、どんなきっかけで始まったのか、失敗や創意工夫なども含めて研究の過程をお話ししていく。研究内容を理解するだけなく、研究を追体験し、特に仮説を立ててそれを検証していく過程も楽しんでいただければ、と思う。

1　魚に鏡を見せてみた

†これまでの魚の鏡像自己認知研究

飼育している魚に鏡を見せるという試みや研究は、かなり昔からあった。おそらく記録に残っている最初の魚の鏡実験は、第一章で登場したティンバーゲン教授による、トゲウオを対象にした一日限りの実験だろう。トゲウオが夕方まで鏡に映った自分を攻撃しているのを見て、彼は「トゲウオは鏡像をライバルと見なしており、自分だと認識できないようだ」と述べている。

その後も5編ほど、魚の鏡像認知研究の論文が出されるが、いずれもその日のうちに実験を打ち切り、鏡像自己認知はできないと結論している。

これらの報告もあり、私がホンソメワケベラで実験を始めようとしていたときは、魚は鏡像自己認知ができないとの見解が世界の常識だった。私が観察したホンソメワケベラも、初日はもちろん2日目でも鏡像を攻撃していた。もし初日や2日目で観察を打ち切っていたら、他の魚と同様にこの魚も鏡像自己認知はできない、との結論を下したことだろうし、たぶん論文にはしなかっただろう。

しかし、これまで鏡像自己認知の実験に成功してきたチンパンジーやカササギも、はじめは自分の鏡像を攻撃する段階があるのだ。魚が鏡に映った自分を攻撃するのは、自己認知する前の段階なのかもしれない。鏡像自己認知が確認されたチンパンジーの実験では、実に10日間も鏡を見せているのだ。どうやら、鏡像自己認知を確認するためには、根気よく長時間鏡を見せることが必要なようである。

†最初は遊び半分

我々は、タンガニイカ湖の様々なカワスズメ科魚の繁殖生態や社会構造の野外調査を行

図4-1　トランスの全身写真

ってきた。その一種オルナータス（＝トランスクリプタス。以後トランス）も長年にわたり調査した（図4-1）。当時院生だった安房田智司さん（現・当研究室准教授）が、その複雑な社会構造をはじめて明らかにし、2005年に学位論文としてまとめた。その後、メスによるオスの受精の操作や、性比が社会構造に与える水槽飼育実験なども一緒に行った。つまり、この魚のことは、自然状態でも水槽飼育でも我々はよく知っていた。

　我々の研究室ではここ10年ほど、魚類を水槽飼育し、彼らの認知能力の研究をしている。その対象種としてトランスは、当然いくつかの研究で使った。そのひとつが、推移的推察の検証実験である。推移的推察とは簡単にいえば、「A＞BかつB＞CならA＞Cである」という基本的な論理を導けることだ。類人猿ではいくつかの実験でこの能力を持つことが確認されているが、それ以外の脊椎動物となると魚類はもちろん鳥類でも長い間実証例がなく、マツカケス（カラスの仲間）での実証研究が『Nature』に載ったのが2004年のことである。我々の研究室では、当時院生の堀田崇さんが、自身の博士論文としてタンガニイカ湖のカワスズメ科魚類のトランスを対象に、このテーマに取り組んだ。この論理的思考能力の論文が発表されたのは、2015年である。魚もこのくらいのことはできるのである。

当時、実験室ではかなり多くの水槽でトランスを飼育していた。この実験が終わったトランスが自由に泳いでいる大型水槽に、ある日、遊び半分で15cm四方ほどの鏡を入れてみた。あくまで試しであり、記録をとったりはしていない。

はじめは鏡に映る自分の姿に対し、鏡に嚙みつく攻撃行動を続けていた。明らかに、鏡に映る姿を見知らぬ他個体と見なしている。次の日になってもまだ攻撃している。本人が鏡から離れ、姿が見えないと攻撃はやめるが、鏡の前に戻ってくると、また鏡の姿に嚙みつき攻撃を始める。この時点では、やはり魚は鏡の姿を他の魚と見なすだけか、という印象だったが、そのまま鏡も放っておいた。

ここまでの結果は、これまでの魚の報告と同じである。しかし5日ほどすると鏡の姿を気にしなくなり、鏡の前に来ても鏡像を攻撃しなくなっていた。トランスの鏡に対する認識に、何か変化が起こったようだ。単に鏡に慣れたのか、自分と同じことしかしない「相手」にアホらしくなったのか、はたまた鏡像は自分と認識したのか。その後も水槽に沈めた鏡はそのままにしておいたが、トランスは鏡を無視しているように見えた。

このころ、第三章で紹介したギャラップ教授によるチンパンジーの鏡像自己認知の論文を読んだのだ。動物の鏡像自己認知をはじめて検証した古典的論文である。それによると、チンパンジーも初日や2日目は鏡の姿を攻撃したり、鏡に大声を発したりと鏡の姿を他個体と見なしているようだ。そして、個体にもよるが2日目か3日目ごろになると鏡を攻撃しなくなるらしい。と同時に、鏡の前で腕や体を振ってみたり、変な顔をしてみたり、鏡から離れては戻るのを繰り返すなど、ふだんはしない不自然な行動を鏡の前でとるようになる。ギャラップ教授は、チンパンジーがこのような変な行動を鏡の前でとる過程で、鏡の姿が自分であるとだんだん認識していくと考えている。それ以降は、チンパンジーも鏡像を無視するようになる。

トランスもはじめは、水槽の鏡に映る姿を激しく攻撃していたが、4、5日後には無視していた。1週間後には、攻撃もしないし、その後は鏡像を相手にもしない。トランスが鏡の姿をどう思っているかはわからないが、鏡に対する反応とその時間的経緯は、チンパンジーと似ているように思われた。

ギャラップ論文では、チンパンジーに「マークテスト」を行っている。重要なのでおさらいすると、鏡像を自分だと認識していると思われる段階のチンパンジーに、気づかれないように（麻酔をして）、彼ら自身には見えない額にマークをつける。本人は額の印を直接見ることはできないが、自分の額を鏡に映せばこの印を見ることができる。麻酔から覚めたチンパンジーは、鏡がないときは、額の印に気づかないので印を触らない。しかし、鏡を見せると、速やかに額の印を擦ったのである。これは、チンパンジーが鏡の姿を自分だとわかっている証拠である。チンパンジーが鏡像を自分だと認識していないなら、鏡像を見て自分の額の赤い印を触ろうとはしないはずである。鏡像の額のマークを見て、はじめてそのマークを触ることは、鏡像は自分だと認識していることの証拠なのである。

この論文を読んで、トランスでもマークテストをしてみようと考えた。魚も鏡像を見て自分と思うのなら、チンパンジーと同じような反応をするはずだ。そうすれば、魚で鏡像自己認知が証明できたことになる。証明できれば、魚でははじめてのことであり、それはすごいことだ。魚はチンパンジーほど賢くはないだろうが、とにかくやってみよう。

†魚にマークをつけてみる

始めてみると、すぐさま難問の山である。魚の体は鱗で覆われヌルヌルしており、マークを鱗の上につけても水の中ではすぐにとれてしまう。なにか良い方法はないかと思いついたのが、イラストマーという生きた魚を個体標識するために開発された特殊な色素である。この色素を少量、魚の皮下浅くに専用のごく細い針で注射しマークをする。この個体識別方法は、世界中の魚類の行動や生態研究で使われている。少量の色素を皮下に注射するだけなので、魚の行動には影響がないことが知られている。簡単にいえば入れ墨で、墨を入れるときは注射をするので痛いかもしれないが、すぐに痛みは消え、何も残らないのである。チンパンジーでは、麻酔をしてからマークをつけている。同じように、鏡に十分慣れたトランスを、夜中に寝ているところをうまく捕まえ、麻酔し、もう何色かも覚えてないが色素を体側前部に注射し、速やかに水槽に戻した。

さあ翌朝である。水槽を覗いてみると、いつもどおりに元気に泳いでいる。注射の影響もなさそうだ。トランスにはマークは鏡で見えているはずだ……が、マークを気にする様子がない。昨日までと同じように、鏡像を相手にせず泳いでいる。このままでは、マークテストは失敗である。なぜマークを確認しようとしないのか。チンパンジーのように手足がないし、そのためマークが触れないのかもしれない。それとも、「変な色が自分についているな」とわかっているが気にしていないのか、マークが自分についていることがわかっていないのか。これではさっぱりわからない。

今から思うと、ここが魚の鏡像認知研究の大きな分岐点であった。あくまで予備実験とはいえ、これは、「トランスは鏡像自己認知ができない」という結果なのである。しかし、私にはこのトランスが鏡の自分をわかっていない、とはとても思えなかった。

２０１４年当時は、魚には鏡像自己認知などの高度な認知能力はないとするのが、世界中の常識である。動物研究者は、自分の研究対象の動物は贔屓目に見るものだ。つまり魚類研究者は、魚類は賢いと思いがちなのであるが、それでも魚類が鏡像自己認知できるとは、魚類研究者でも誰も思っていなかった。だが、私は「このトランスは自分の体のマークに気づいているが、気にしていないだけだ」と思った。なぜそう思ったのか。彼らに論理的思考ができるからではない。うまく言えないが、鏡の前の彼らの堂々とした様子を見ていると、そう思えるのである。説明になっていない……。

ともかく、次に考えるべきことは、トランスが体についていると気になるマークは何かないか、ということである。あれこれ探したのだが、これがなかなか見つからない。あるいは対象魚はトランスでなくてもかまわない。体につけられたマークを気にする魚はいないだろうか。

2　ホンソメワケベラがいい！

†魚の寄生虫を掃除する魚

私自身、大学生のころから沖縄のサンゴ礁などに潜り、魚たちをよく見ていた。はじめて潜って間近で泳いでいる魚を見たのは大学1回生の18歳のときなので、以来45年間魚の行動の観察をしている。候補の魚としてすぐに思いついたのが、サンゴ礁などに暮らし、掃除共生魚として知られているホンソメワケベラ（以後ホンソメ）である（図4-2／口絵5）。この魚は、他種や同種の魚の体表をくまなく調べ、体表の小さな寄生虫を見つけだし、摘みとって食べるのだ。このような性質のため、寄生虫やそのような模様が自分の体についているのに気づくと、敏感に反応すると思われる。さらに、ホンソメ自身の体表にも寄生虫が多いことが知られており、互いに掃除をし合っている。そうなると、自分の体の寄生虫（のようなマーク）に気がつけば、トランスのように無視はしないだろうと考えたのだ。とにかく、私もよく知っている魚である。

ホンソメを実験対象にする上で、他にも都合のよい点があった。それはホンソメが高い認知能力を持つことが、すでに知られていることだ。鏡の姿を自分だと認識するには、高い認知能力が必要である。その当時ホンソメは、自己制御（目的のために我慢ができる）、意図的だまし（相手が騙されることをわかって騙す）、罰（「悪い振る舞い」をした他個体を罰する）など、魚でありながら霊長類並みの賢い行動をとることが知られていた。このため、ホンソメは鏡像自己認知の研究には打ってつけの材料だったのだ。

さらに、ホンソメには3つ目の利点がある。それは、野外での社会生活がよく調べられている点である。古くは中京大学の桑村哲生教授の学位論文があったし、我々の研究室では、ホンソメの性転換と社会構造の動態、さらに繁殖戦略について、当時院生だった坂井陽一（現広島大学教授）さんが、博士論文として研究していた。雄が大きな縄張りを維持し、その中に自分より小さな雌を囲って、ハレムを形成している（図4-3）。雄の縄張りの中では、サイズの異なる雌間にはサイズ依存の順位関係があり、また、同じサイズの雌同士は、縄張りを維持している。このようなハレムの

図4-2 カサゴをクリーニングするホンソメワケベラ（山田泰智撮影）

図4-3 ホンソメワケベラのハレム地図。2つのハレム（C2とD）に雌（F）が滞在。太い曲線は雄の縄張り。この図ではF4がハレムC2に引越ししたことが示されている。隣の様子も互いに知っている。スケールは10 m。（Sakai et al. 2001）

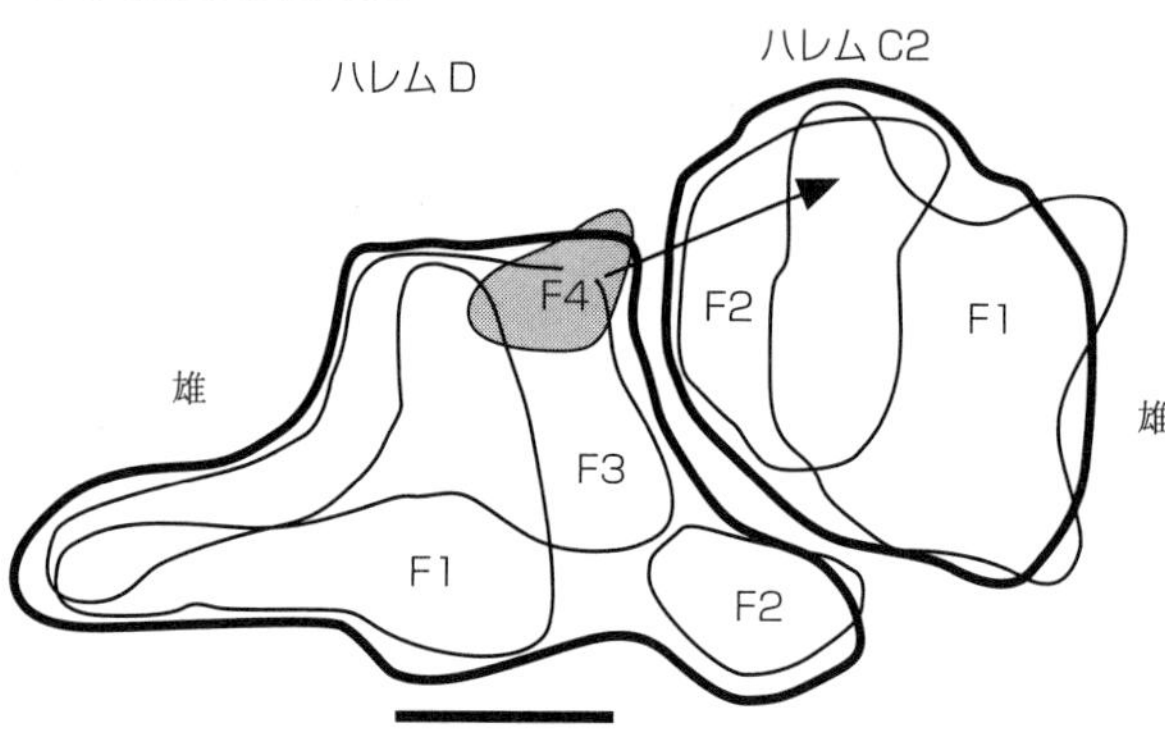

中で限られた数の個体が長期間、頻繁に出会っており、互いに相手を個体識別していることは間違いない。さらに、隣接ハレムのメンバーも認識していそうだ。

サンゴ礁魚類のうち、雄がハレムを持つ一夫多妻の社会の種の多くでは、個体は小さいうちは雌として性成熟し産卵し、大きくなって雄になるという、雌性先熟型の性転換魚が多い。このような雌性先熟型の性転換が自然状態で確認されたのは、実はこのホンソメが世界ではじめてなのだ（桑村2004）。大きいハレム雄が消失すると、翌日には最大の雌が雄として振る舞うようになる。雄のふりを始めた雌個体は、隣の縄張り雄との縄張り闘争や、他の雌への求愛と威圧的態度を見せ、2

週間もすると、なんと雄へと性転換をし、他の雌の産んだ卵を受精させるのだ。

このように、野外での動物の暮らしぶりがわかっていること、そして何より、飼育して行動実験や認知実験を行う本人が、野外での対象動物をよく知っていること、これは飼育実験を行う上で大事なことである。

†適切な鏡つきの水槽をつくる

あとはどうやってこの魚を手に入れるかである。海で潜って網で捕まえるのはかなり大変だ。刺し網という網を使って捕まえるのだが、すぐに傷つけて弱らせてしまう。そもそも綺麗な南の海から大阪市内の本大学までは遠く、運ぶのも大変だ。そんなとき、近くの熱帯魚店を覗いてみると、6、7㎝ほどのホンソメが売られていたのである。聞いてみると、東南アジアから空輸されているという。しかもその値段がなんと1匹500円。その瞬間、ホンソメを使うことが決まった。

最初は、小さな水槽で長期間の飼育が可能なのかどうかを調べることから始まった。60㎝水槽(60×30×30㎝)と45㎝水槽(45×30×30㎝)に1個体ずつ入れ飼育してみたところ、テトラミンという人工飼料でも長期間元気な状態で飼えることがわかってきた(図4-4)。

図 4-4 実験水槽

いよいよ実験のスタートである。

トランスのときは水槽に市販の鏡を入れたのだが、魚に対して鏡をどのように見せるのかは、おそらく重要なポイントだ。チンパンジーや類人猿では、ヒトの立ち姿を映す鏡を、一日のうち30分ほど見せていた。それでもいいのかもしれない。しかし、なんといっても相手は魚である。類人猿でそうだからといって、単純にその方法を真似しないほうがよい。私はホンソメに自分の鏡像が常に見えるように、片側のガラス一面に、45㎝の実験水槽にぴったりのサイズの鏡（幅44㎝×高さ27㎝）をはめ込み、一日中ずっとホンソメに見せることにした。これなら否応なしに、朝から晩まで自分の姿が目に入る。

この鏡のサイズは、これまでの鏡像実験における対象動物との相対サイズでいえば格段に大きい。ゾウの場合で例えると、幅30m×高さ20mほどの鏡に相当する。実験水槽にぴったり入る鏡を得るには特注するしかなく、近くのガラス屋さんにお願いし、受け取りに行く。海水に入れると鏡が劣化するため、鏡は実験開始から10年近くたった今でも、10枚単位で時々注文している。この馴染みのガラス店では、「大阪市大（いちだい）のけったいな魚の先生」で通っている。

約1カ月以上の期間、ホンソメの実験個体を鏡がない状態で飼育し、水槽にしっかり慣れさせた。動物の行動実験でもっとも大事なことは、対象動物がいきいきしていることである。健康なのはもちろん、「いじけている、弱っている、怯えている」のなら、行動実験をしてはいけない（できないのではなく、してはいけない）。動物が不安なく、のびやかに過ごしていないと、本来の動きは引き出せないのだ（怯えているときの反応を見たい場合はもちろん別）。

さらにいうと、野外での動物の振る舞いを心得ていれば、飼育動物の動きから、彼らの気持ちがわかるものだ。逆に自然状態の本来の振る舞いを知らないようでは、彼らの気持ちがわからず、間違った方向の研究をするし、ときには観察結果を逆に解釈するという大失敗をやらかすこともある。どんな動物であれ飼育実験をする場合、実験者本人が飼育動

図 4-5 鏡像に対するホンソメの反応の経時的変化。(Kohda et al. 2019)

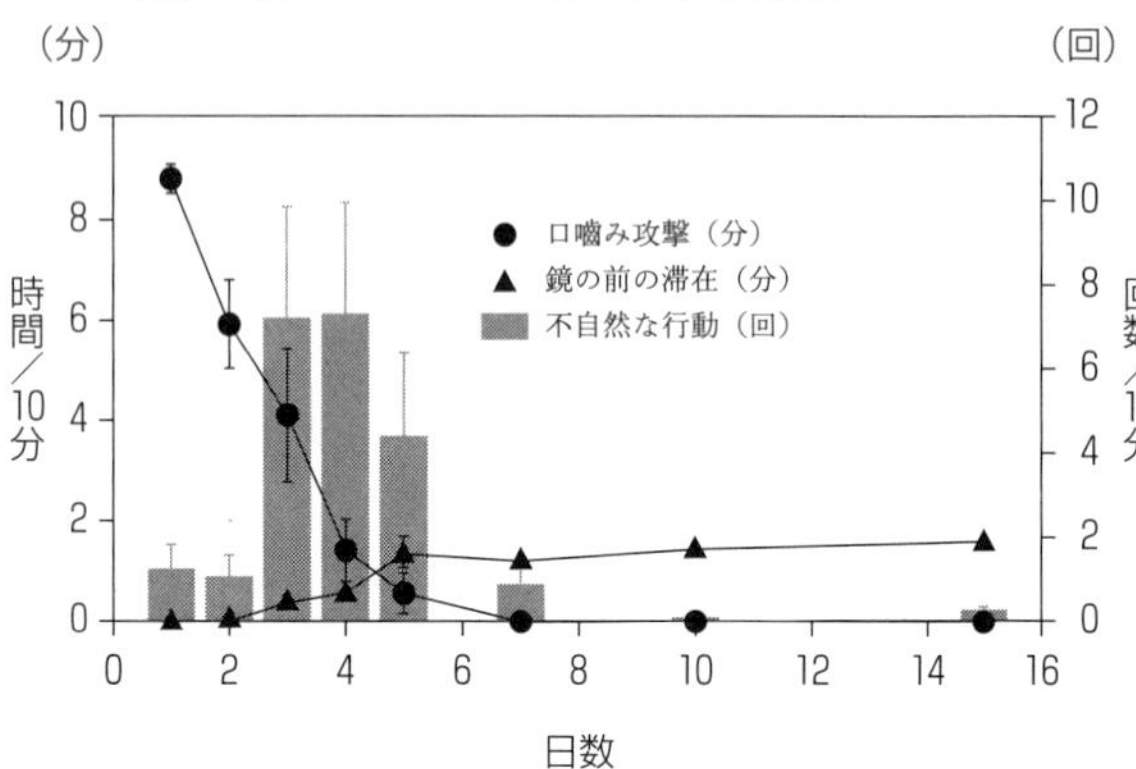

物の気持ちがわからないようでは、行動や認知研究は心許ない。

ホンソメたちは餌も食べるし、体色もよく、水槽中を元気に泳ぎまわっている。これならいけそうだ。夜間に水槽に鏡をはめ込み、まったく同じサイズの白いアクリル板で鏡を覆った。この白板を外せば実験のスタートである。

†ホンソメに鏡を見せる

観察の日程はギャラップ教授の論文を参考にした。期間は2週間とし、はじめの5日間と7日目、10日目と15日目、それぞれお昼ごろに一日に1、2時間ビデオ撮影することにした。それをまとめた結果が図4-5である。鏡を見せた初日は多くの時間を割いて鏡を攻撃しているが、2、3日目にはその時間は大きく減少し、1週間目までになくなった。そして、3日目ごろからこれまで見たことのない「不自然な行動」を鏡の前でするようになった。鏡の前で突然ダッシュしたり、上下逆さになったり、踊ったりなど、とても滑稽な行動である。図を見ると3〜5日目の間に、不自然な行動が頻繁に起こっていることがわかる。不自然な行動も、鏡提示の1週間目以降はほぼ見られなくなり、その後は、鏡の前5cm以内に滞在して鏡を覗き込み、鏡と並行にゆっくり泳ぐ行動が安定的に見られた。

どうも、この不自然な行動が特徴的で鍵になりそうな予感がする。ホンソメの3〜5日目の不自然な動きは、チンパンジーの「確認行動」と似ている（図4-6）。

チンパンジーは、鏡を見せてからのはじめの2日間は、鏡の姿を攻撃したり威嚇したり大声をあげたりする（ステージ1）。その後、両腕を振る、体を揺する、鏡の前から離れたり戻ってきたりなど、不自然な行動を鏡に対し行う。これが「確認行動」と呼ばれ、自分と鏡像の動きとの同調性を確認していると考えられている（ステージ2）。不自然な行動がなくなるころに、チンパンジーはどうやら鏡像を自分だと思うらしく、鏡を覗き込んだり、鏡に向かって口を大きく開けて口の中を掃除したりするようになる（ステージ3）。

チンパンジーと比べてみると、ホンソメもはじめは攻撃ばかりしていたが（ステージ1）、

図 4-6 鏡を見せてからの行動変化。ホンソメもチンパンジーも３つの段階を経て、鏡像自己認知が起こる。（画像提供：共同通信）

はじめて鏡を見ると

ホンソメ	チンパンジー

1）社会行動（攻撃） 他個体と勘違い

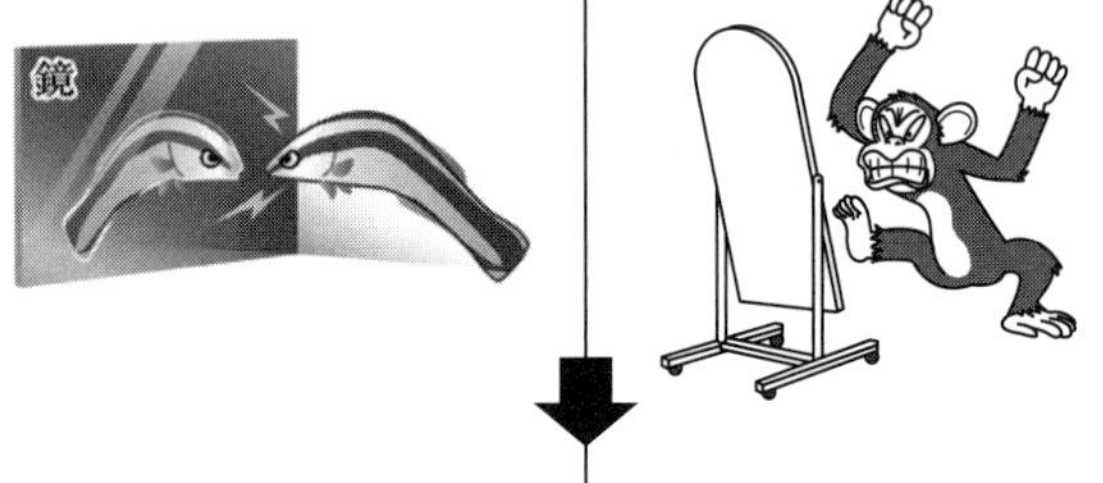

2）随伴性の確認（不自然な行動） 自分かどうかの確認

3）自分の顔を何度も見る 自分と認識しはじめる

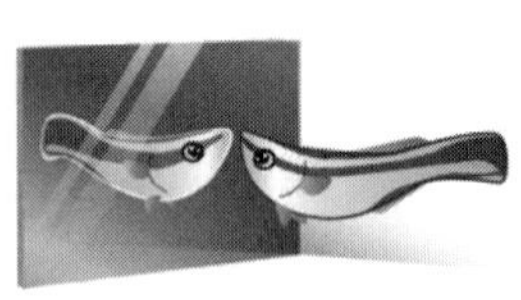

そのうちに、自分の動きと鏡の動きとがまったく同じであること（＝随伴性）に気づきはじめ、チンパンジーのように随伴性の確認を始めているのだとすると考えやすい（ステージ2）。確認のためには、ホンソメが普段はしない、相手が真似しにくい動きをとるのが効果的なのではないだろうか。

すでに述べたように、ホンソメは、突然鏡の前でダッシュしたり、上下逆さになってみたり、急に踊ってみたりする。それらの共通点は、突然始まる急な、そして不自然な1秒ほどの動きである。これらの行動は、その意味や意義もまったく理解不能な、奇妙で不可思議なものだった。ホンソメの挨拶行動や求愛行動などの社会行動とも違う。野外でも、踊ったり、逆さになったりという、こんな奇妙な行動を私は見たことがない。

そして、この不自然な行動は、鏡を見せてから3〜5日目のこの3日間だけに集中して起こっており、後にも先にもない（図4-5）。私は、この動きは自分の確認、あるいは鏡の性質に関連した探索行動だという以外には、説明は無理ではないかと思っている。魚類の行動研究の歴史はじまって以来の（決して言い過ぎではない）、不自然かつ不思議でそのときだけに見られた行動は、やはりチンパンジーに見られた「確認行動」にあたると考えていいのではないか。

では、ホンソメにステージ3にあたる行動はあるのだろうか。チンパンジーは確認行動が終われば、鏡を使って自分の体を調べはじめる。口の中を覗き込み、指を使って歯に挟まっている食べ残しをとったり、普段は見えない背中や股間を調べたりしはじめる。ギャラップ教授は、この行動（＝自己指向行動）は、自己鏡像認知ができた証拠だと見なしている。一方ホンソメは、確認行動が終わったころの実験5日目以降、鏡のすぐ前で自分の姿を見ている時間が増えており、7日目以降は攻撃も確認行動もほぼ出ていない。このとき以降がステージ3に当たるのだろう。おそらくこのとき、鏡像は自分だとわかっているのだろうと思われるが、なにせ魚には手や指がなく、チンパンジーのように様々な自己指向行動は見られない。

3　ついにマークテスト

†ホンソメは痒いところを擦る

ともかく、ホンソメの鏡に対する反応はチンパンジーと似ていることがわかってきた。

チンパンジーの鏡像実験では、鏡の提示後10日ほどしてからマークテストがなされた。チンパンジーでは、匂いも触覚的な刺激もないマークをした。マークをされた個体はマークに気づかず擦ろうともしないが、鏡を見せると鏡を覗き込み、指で額のマークを触る。触った指を自分で見て確かめたり、指先を鼻に近づけ、その匂いまで嗅いだりもする。チンパンジーには手と指があり、これで自己指向行動が行える。

では、手も指もない魚にマークを触る行動がとれるのだろうか？　一見難しそうだが、意外と簡単にこれもクリアできた。魚は痒みや痛みなどを感じると、そこを物に擦り付けて掻く。ホンソメも体側をよく砂や石に擦り付けるし、これは水槽の中でもよくやる。痒くなくても、体についた嫌なものを取り去りたい場合、水槽の石や底で擦ると期待できる。指や手を使わなくても、体のマークを擦り付けてくれれば、それは自己指向行動になるわけだ。

魚の体のどこにマークをするかも問題だ。本人が直接マークを見られる場所ではいけない。鏡を使ってはじめて見える場所でないといけない。魚の場合、確実なのはやはり、額、喉、腹の下であろうか。しかし、額の薄い皮膚の下は骨なので、マークをしにくそうだ。その点、柔らかい喉や腹はまだましだ。それに、マークは気がついたら擦ってもらわないといけないので、できるだけ擦りやすそうなところがよい。魚にとって額はいかにも擦りにくそうだが、喉や腹の下なら、まだ擦りやすいだろう。

では喉と腹の下ではどちらがいいだろうか。ホンソメは普段から腹部を擦ることがあるが、喉を擦るのは見たことがない。これも良い特徴である。鏡で喉の「寄生虫」を見て、はじめて喉を擦ったのなら、鏡像自己認知をしている決定的に強い証拠になる。寄生虫そっくりでかつ触覚刺激のないマークを喉につけ、このマークを鏡で見せたときだけ擦ってくれれば、ホンソメのマークテストは合格である。

マークには、視覚刺激以外の匂いや触感の刺激があってはいけない。もし、マークに匂いや痒みが伴えば、マークを触ったとしても、鏡がなくても嗅覚や触覚でわかった可能性が残るからだ。だから、鏡を見せる前の段階では、対象動物はマークに触らないことが前提条件として必要になる。ここでもトランスのときのように、魚の標識に使われているイラストマーを使った。きちんと皮下に注射すれば、魚の行動には影響はないことがいくつもの論文で報告されている。これを使って、寄生虫に似た茶色のマークをすればよさそうだ。ただし、チンパンジーは皮膚に塗るのに対し、こちらは注射だ。人は注射と聞くだけで痛いと連想してしまう。ここが弱点だとは思っていたが、後からそんな大問題にされる

（あるいは突っ込まれる）とは、このときは思っていなかった。

†寄生虫に似たマークをつける

チンパンジーの場合と同様に、すべての個体で麻酔をしてからマークをした。彼らは野外では夜間、岩陰やサンゴの隙間などで寝ている。水槽では、中に入れた10㎝ほどの長さのパイプに入って寝る。パイプに入って寝ているホンソメを捕まえるのは簡単だ。網でパイプごとすくいとり、麻酔液の入った容器にパイプごと沈める。1分ほど沈めて取り出すと、すっかり麻酔されている。それを取り出し、素早くサイズを測り、イラストマーを注射する。終わったら、パイプと一緒にもとの実験水槽にもどす。その前に水槽の鏡は白いアクリル板で覆っておく。魚が翌朝目覚めたとき、鏡はまだない状態である。

最初は、対照実験として透明色素を注射した。色素以外の手順は茶色のマークのときとまったく同じであるが、マークの跡は見えない。翌朝、いつもどおり元気に泳いでいることを確認し、鏡を見せてビデオ撮影の開始である。もし、注射による痛みや痒みなどの違和感があれば、マークが見えていなくてもホンソメは喉を擦るだろう。我々の予想はもちろん「喉を擦らない」である。

図 4-7 ホンソメワケベラ 4 個体のマークテストの結果

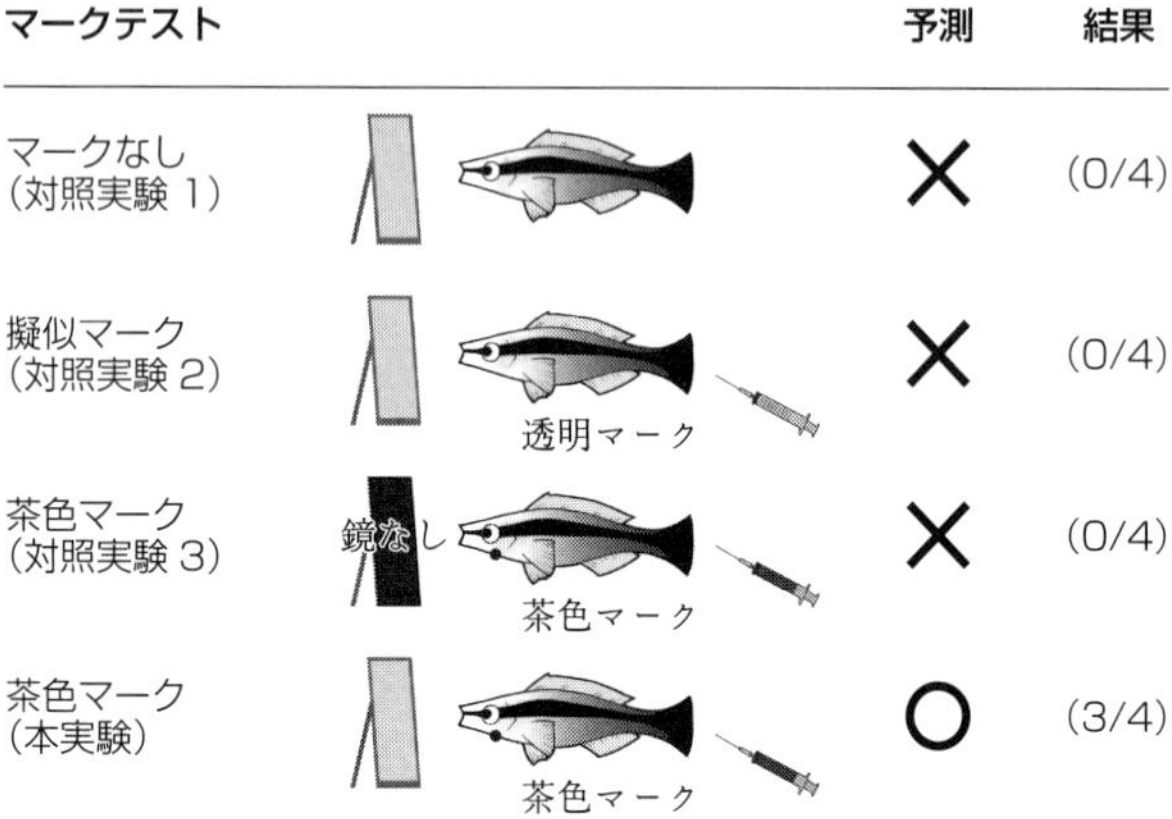

マークテスト		予測	結果
マークなし（対照実験 1）		×	(0/4)
擬似マーク（対照実験 2）	透明マーク	×	(0/4)
茶色マーク（対照実験 3）	鏡なし　茶色マーク	×	(0/4)
茶色マーク（本実験）	茶色マーク	○	(3/4)

その後、同じホンソメにまた麻酔をして、寄生虫に似せた茶色のマークをする（口絵4a）。マークをしても鏡を隠しておくと、喉についている茶色のマークは本人には見えない。触覚刺激がないなら、鏡がなければ「喉は擦らない」と予想される。しばらく後で、鏡を覆う白板を外し、鏡を提示する。このときにはじめて「喉を擦る」という反応をしてくれたら、マークテストに見事に合格である。

†マークテストの結果

さて、結果はどうか。喉へのマークテストは4個体で行った。その方法、予想、結果を図4-7に示す。3つの対照実験を行っている。まず、マークを注射する前には、この4個体は喉を擦ることはまったくなかった（対照実験1）。そしてさらなる対照実験として透明な液を喉に注射した場合も、喉を擦ることはなかった（対照実験2）。このことは麻酔したり、注射したりすることやマークそのものが触覚的な刺激になって喉を擦るのではないこと、マークの注射が痒みや痛みをもたらすことはないことを示している。そして、いよいよ茶色の寄生虫さながらのマークを喉につける（対照実験3）。鏡がない場合は、予想どおり4個体のいずれも喉を擦らなかった。やはり、色素を注射されていても、それが見えないとマークの存在がわからず擦らないのだ。

そして本番は、鏡を覆っていた白板を取り去ってからである。ここでホンソメが喉を擦ってくれれば、マークテスト合格である。

茶色マークを喉に注射し、鏡を見せたビデオをいよいよ解析する。

鏡の前の白いアクリル板を外してしばらくすると、ホンソメは鏡で喉を見てから、砂底に舞い降りて、ぎこちなくではあるが、なんと喉を砂で擦ったのである！

そのビデオを最初に見た瞬間は、あまりの衝撃に「オーっ」と叫んだ。ほんとうに椅子から転げ落ちそうになった。こんな喉擦り行動はホンソメでも他の魚類でも見たことがない。しかもいかにも、喉の寄生虫を水槽の底の砂で擦り落とそうとするように見える。こ

図4-8 喉擦りの一連の行動。擦る直前に鏡で喉を見ている。その直後、石などで喉を擦る。その直後、鏡に近寄り擦った喉をじっくり覗き込む。擦った後、「寄生虫が取れているかどうか」、鏡を使って確認していると考えられる。

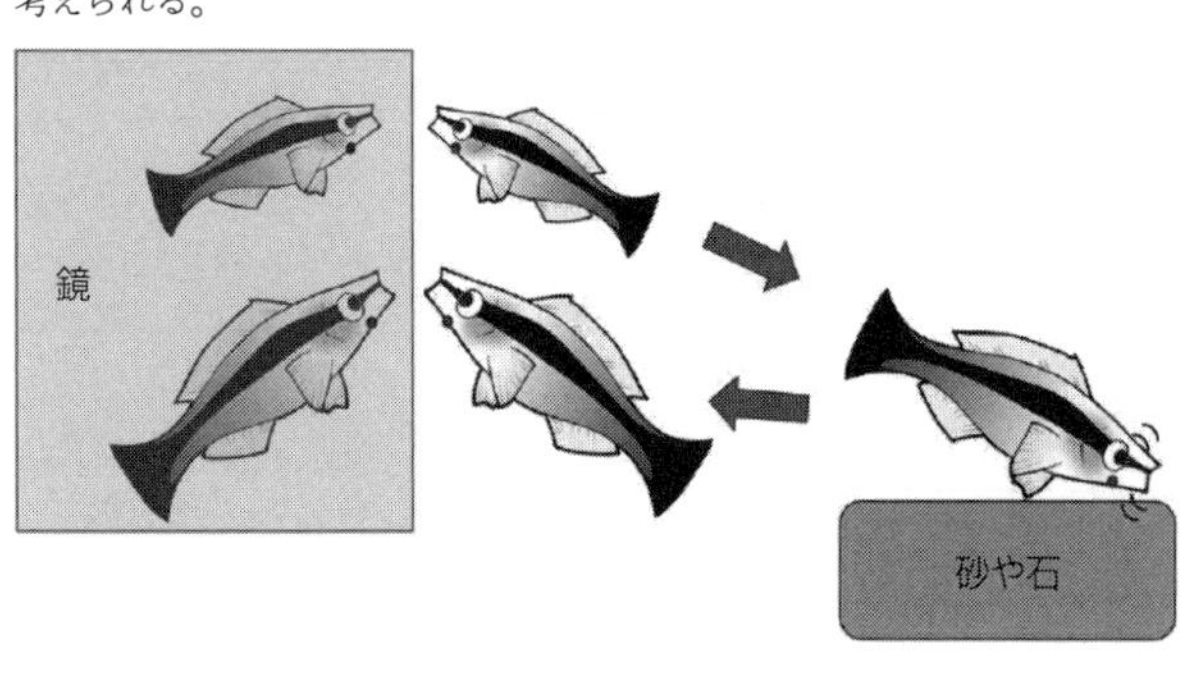

の動きは他の個体でも確認できた。4個体のうち、3匹がそれぞれ16回、10回、6回、喉を砂底で擦ったのである。残りの1匹は擦らなかった。もう一度言うが、擦った3匹は鏡がないときは誰も茶色マークをまったく擦らなかったのである。鏡を見せたときだけマークを擦ったのだ。この結果は、ホンソメはマークテストに合格していることを見事に示している！　魚類で鏡像自己認知がはじめて示されたのである。

†寄生虫が取れたかどうかを確認している！

さらに面白いことが観察された。喉を擦る際、各個体はその直前に鏡で喉を見ている。そして、喉を擦った直後、なんと擦った喉を鏡に映してもう一度見ているのである（図4-8）。まるで、擦った後、「寄生虫」がとれたかどうかを確認しているかのように見える。鏡で喉の寄生虫を見てから擦るまでが2秒弱。そして、喉を擦ってから鏡で擦り跡を確認するまでも2秒弱である。38例の喉擦りのうち35例で確認された。ほとんどの場合、喉を擦った後、一目散に鏡に向い喉を映すのだ。喉を映すとき、鏡の前でじっと静止する。鏡の前でしばらくの間じっとしているこんな行動は、喉を擦った後にしか見られない。喉を擦ろうとしても、空振りした場合は、その後鏡で喉を覗きに行かないのだ。喉が擦れていないことが、わかっているのだ。

このような行動をとるのは、ホンソメが鏡像は自分だと理解していることを、さらに裏づける。私は、ホンソメは自分が何をしているのかを、正しく認識しているのではないかと思っている。「あっ、俺の喉に寄生虫がついている！　早よとらんとあかん。よっこいしょ」と喉を擦り、そのあと、「とれたかな？」と鏡に映して寄生虫の有無を確認しているのだ。この解釈が正しいとすると、ホンソメのこれら一連の振る舞いは、もはやチンパンジーと大きく違わない。チンパンジーは擦った後に指についたマークが何かを確かめていた。チンパンジーと同じようなことをしているのであり、魚に自己意識があることを強く物語っている。これは大変なことになってきた。

大きな脳の動物に鏡像自己認知ができるのは、まだわかる。しかし、今回の動物は何せ魚である。脳の重さは1gもない。あまりにも常識とかけ離れている。だからこそ、面白いし発見の意味も大きいのだ。しかし、もし間違っていたらどうだろう。この内容が公表されれば、マスコミも大きく報道するだろう。その後になって、勘違いや、大きなミスがあったといった訂正は大失態であるし、場合によっては謝罪で済まされないかもしれない。しかし、やってきた方法に問題はないし、出てきた結果は確実にホンソメが自己認識していることを示している。私には、間違っているかもしれないという不安はまったくなかった。むしろ、「これが真実なのだ！　今までの常識が誤りだったのだ」と舞い上がっていた。

†いよいよ投稿

自然科学の研究者にとり、世界で最高峰の雑誌は『Nature』か『Science』である。最初はこの論文を『Science』に投稿した。4名の査読者のうち、魚類の研究者と思われる2名は、大変興味深いと絶賛に近いコメントをくれたが、霊長類学者と思われる2名は、極めて懐疑的かつ否定的なコメントであった。否定的な気持ちはわからなくはない。なにせ、類人猿、ゾウ、イルカ、カササギでしか確認されていない鏡像自己認知が、脳の小さな小魚でできたというのである。できたと言われても、すぐに「はいそうですか」とはいかず、彼らが慎重になるのは当たり前だろう。何処かに実験のミスがないか、結果の解釈に誤りはないか、考えられるありとあらゆる批判をしてきた。しかしながら、この段階では編集者の返事はかなり好意的で、指摘された追加実験をして、その結果が肯定的なら受理できるかもしれない、との大変色好い返事だった。いずれも簡単な実験であり、俄然張り切って追加実験をした。何せ通れば『Science』である。

はじめの要求実験は、「もし茶色マークを寄生虫と見なすなら、ホンソメの体側で直接見える場所にマークすれば、それに気づいた個体は鏡がなくてもマークの場所を擦るはずだ」というもっともな指摘である。我々はすぐさま実験に取りかかった。5匹のホンソメを用意し、まず何もしない状態で左右の体側を擦る頻度を調べた。頻度は低いが、喉とは違って普段からも、体側を水槽の底で擦っている。その後、左体側だけに透明マークをしたが、左の擦りが増えることはない。やはり、痒みなどの触覚刺激はないのだろう。さらにその左体側に茶色マークを打ってみた。すると、鏡がなくても自分の左体側に寄生虫がついていると気づいたのだ。このときだけ、左体側の擦り頻度が有意に高くなった。

この実験結果は、ホンソメは茶色マークをおそらく寄生虫と見なし、取り去ろうとしていること、そして、当たり前であるが、直接見える体が自分の体であると正しく認識していることを示している。この結果は、査読者の指摘に見事に答えている。最初のコメントは乗り越えた。

2つ目の批判は、ホンソメは鏡の姿を仲の良い他個体と見なしており、相手に「おーい、君の喉に寄生虫がついているよ」と教えてあげているのだというものだ。この仮説を否定するための実験を行うのだ。これは、ホンソメは鏡像を他人だと見なしているのであり、鏡像自己認知はできていないという指摘に基づいている。この仮説が成り立つためには、ホンソメが普段から、自分の仕草が相手にメッセージを伝えているという認識が必要だ。しかし、魚がそんなジェスチャーで情報伝達をしているという話はどこにもない。こんな言葉のない「会話」は、魚にとっては鏡像自己認知より難しいかもしれない。やや難癖っぽいとも思えるコメントだが、やるしかない。

水槽を2つ並べてそれぞれにホンソメを入れた。1週間ほどして、双方の喉に茶色マークを打った。互いに相手の喉のマークは見えるが、自分のマークには気づかない。査読者の指摘どおりだと、相手の喉のマークを見たホンソメは、相手にマークを教えるため「喉を擦る」はずである。我々の仮説では、自分の喉のマークは見えないので、「喉は擦らない」はずである。果たして、実験した8個体は、誰も喉を擦らなかった。我々の予想どおりの結果であるが、イチャモンに応えすぎた実験のような気もする。

このほかにいくつも小さな追加実験をし、そのすべてがホンソメは鏡の姿を自分と認識している、との結論を支持するものばかりであった。

†積み重なる難癖の山

我々は、数カ月後、「これでどうだ!」と『Science』に再投稿をした。色よい返事を確信し楽しみにしていた。2カ月後に帰ってきたのは、愕然とするようなショックな返事。リジェクト（不受理）である。なんで?

編集者の長い言い訳めいた返事を読んでその理由がわかった。新たな査読者としてギャラップ大先生が入っていたのだ。彼の感情的なコメントは、さらにいろいろな難癖の山であった。彼自身はヒト以外で鏡像自己認知ができるのは、チンパンジーやオランウータンなど大型類人猿だけだと固く信じている。ゾウやイルカ、カササギの鏡像自己認知さえも懐疑的なのだ。ニホンザルなどマカク属はじめサル類にはできないと言い切っている。そんな査読者に魚が鏡像自己認知できるなんて、到底受け入れられるわけがない。かなり強烈な拒否の返事を編集者に寄せたようだ。我々の新たな実験結果もホンソメの鏡像自己認知を強く支持しているが、編集者は権威に屈したようだ。

リジェクトされたショックが大きく、何もできないうちに、さらに半年ほどが過ぎてしまった。次に投稿したのが『PLoS Biology』という生物学全般の電子ジャーナルである。4人の査読者がつき、2名は魚類の、2名はヒトか霊長類の研究者だった（コメント内容でわかる）。やはりここでも魚の研究者は、論文を支持し掲載すべきとのコメントであるのに対し、霊長類学者は否定的であり何かと難癖をつけてくる。そこで編集者がある提案をしてきた。査読者の意見が分かれている場合、将来性や発展性のある原稿（これは編集部のよいしょ）は、Short report（いわゆる短報）であれば掲載することができるという。さらに他の雑誌に投稿し、霊長類学者と渡り合っていく元気はもうなかった。二つ返事で同意した。その結果、単語数1万語を超える長い論文でありながら、短報という奇妙なスタイルの論文が誕生した。2019年2月のことである。

第五章 論文発表後の世界の反響

第四章では、魚の鏡像自己認知研究と発表までの流れを紹介した。私の経験からいうと、論文は発表すれば、ふつうの研究はそれで一段落である。しかしこの研究は様子が違っていた。国内だけではなく、海外のメディアからも、取材メールや国際電話が次々と入った。欧米が多かったが、最もびっくりしたのが、中東カタールのアルジャジーラの科学部と名乗った記者からの電話だった。もちろん、どの国からの問い合わせも英語である。

たくさんの批判を受けた。我々の魚類の鏡像自己認知研究は、批判に応える実験によりさらに鍛えられることになった。ここでは、追加して行った実験を示すことで、科学的な態度に則った実験というのはどういうものか、を追体験していただければと思う。

1 批判とどう対峙するか

†湧き上がる批判と称賛

ようやく『PLoS Biology』誌での論文発表にまでこぎつけた。発表直後は内外のマスコミや商業科学雑誌からの報道取材が次々と入った。記事のライターは同時に世界の研究者にも意見を求め、紹介文の後にそれも添えている。今ではオンラインで記事が配信されるので、発表直後から報道され、批判と称賛のコメントが続くことになる。

まずメディアで報道された称賛の声を紹介したい。スイスのレドゥアン・ブシャリー教授は、ホンソメなどのサンゴ礁魚類を対象とした魚類認知研究の第一人者である。教授は、粘り強く素晴らしい研究であると評し、「彼らのデータはホンソメの鏡像自己認知をはっきりと示している」と述べている。オーストラリアのカルム・ブラウン教授は魚類の認知能力の研究で最前線の研究者である。「私はこの素晴らしい論文に強い感銘を受けた」というコメントを寄せてくれた。『魚は痛みを感じるか?』の著者で知られるヴィクトリア・ブレイスウェイト教授は、「魚類の認知がヒトに近いと曖昧な資料で語る研究は多いが、このホンソメの鏡像認知研究はそのような類の論文ではない」と、コメントをくれた。

3人はいずれも世界の魚類認知における最先端の研究者である。彼らをはじめ、世界中の魚類の認知や行動の研究者は、例外なく賛同し、魚の鏡像自己認知を受け入れ、支持してくれた。

これに対し、世界の霊長類学者や動物心理学者からは激しい批判がなされた。従来のヒトを頂点とし、上から順に霊長類・他の哺乳類・鳥類・爬虫類・両生類、そして最も底辺に魚類を配する知性の階層を想定している研究者にとって、魚が自分を認識できるという話など到底受け入れられないだろう。第三章で説明したように、鏡像自己認知ができるのは、ヒトや類人猿までだとする研究者も多い。底辺の魚類に自己認識ができるのなら、彼らが築いてきた価値観がひっくり返るし、彼らの常識からはありえないのだ。

典型的な批判者は、チンパンジー研究での第一人者であるドゥ・ヴァール教授や、何度も名前があがっているギャラップ教授である。彼らは、ヒトや霊長類の知性のあり方を長年研究してきた、この分野の世界の二大巨頭である。そのようなおふたりがさっそく批判論文を書いたのだ。しかしこれは、たいへん名誉なことかもしれない。なにせ、ご両人とも が「これは捨ておけぬ」、とお考えになったのだから。

世界を相手に、これから静かな熱い戦いが始まる。その前に、研究のあり方について、私の考えを述べておきたい。

†面白い研究をするための三原則

科学研究を進めていく上で、何が正しいのかを判断する基準は何だろう。それはこれまでの常識でも、権威のある人の意見でも、さらには教科書に記述してあることでもない。

大事なことは、自分の目で見て確かめた事実である。自分が確認した事実に基づいて論理的に議論を組み立て展開していくのが、本来の科学的態度というものである。自分の観察結果や実験結果が教科書の記述と違うから駄目だ、などとは決して思ってはいけない。これはとても大事なことだ。今この章を読んでいる高校生や大学生に、将来は研究者を目指したいと思っている方がいるかもしれない。私は大学の講義で、面白い研究をするための鉄則という話を、何回かしたことがある。自分自身の経験談でもあり、それを少し述べてみたい。

面白い研究をするための鉄則は3つある。

1つ目は当たり前のことで、自分の専門の教科書はきちんと勉強しておけということである。その分野の基礎知識がないようでは、具体的な研究の仕方もわからないし、研究の意義もわからない。そもそも自分が得た結果が「なんぼのもん」かがわからないのだ。だから研究を進める上で、教科書や大事な関連論文はしっかりと勉強しておかないといけない。

しかし、自分が見たことが教科書の内容と食い違ったら、どう考えたらよいだろう。まずは、自分の研究の手順の間違い、観察や計算のミス、勘違いなどの可能性を検討する。

しかし、それでも間違いない！　となれば、むしろそれは大いに喜ぶべきことである。教科書の記述と自分の観察のどちらが正しいのか？　もちろん自分の目で見た観察結果である。それでも自信がなければ、もう一度観察や実験をして確かめればよい。それでも間違っていなければ、間違いなくあなたが正しいのだ。これが第2の鉄則だ。ここで教科書や先人の論文の内容と合わないので失敗だ、などと決して思ってはいけない。それでは、せっかくの大発見の芽を自ら潰してしまうようなものである。教科書は勉強しないといけないが、教科書が正しいなどと思い込んではいけないのだ。多くの人が同じようなことを語っている。最近では、2019年度のノーベル化学賞受賞者の吉野彰（よしのあきら）さんが「教科書を信じるな」と言っていた。まったく同感である。

3つ目の鉄則は、自分が不思議だと思うことや気になることは、幾つでも、いつまでも考え続けることだ。簡単に済ませ、わかった気になり適当に終わらせてはいけない。幸運の女神は準備ができているものに微笑む、というパスツールの言葉がある。ある問題や関連のあることを、いつも頭で考え続けていることが、準備である。そうして、考え続けている問題と一見何も関係がなさそうな物事との類似性や関連性に気づくことが新しい発想や発見につながり、そこから話が始まる。

†主な批判の内容

私はドゥ・ヴァール教授とギャラップ教授の批判論文（de Waal 2019; Gallup and Anderson 2020）を読んでみて、この批判なら検証実験をすれば十分反論できると思った。「どう見てもこちらに勝ち目がある！」

この論争に勝ったら、えらいことになる。従来考えられてきた脊椎動物の知性の体系が、ひっくり返ってしまう可能性があるのだ。だからこそ、なおさら慎重にことを進めないといけない。

とはいえ、よくもまあここまで文句をつけられるなと思うほどの「イチャモン」責めだ。ギャラップ教授の難癖のなかで大きいところを述べると、

①サンプル数がまだ少ない
②ホンソメは喉を擦っているのではなく、実はその動きによって鏡に映った自分の喉が見やすくなるのであり、喉を擦っているように見えるだけで、擦ってはいない（だから鏡像認知はできていない）

③鏡に映っている姿を仲良しの他個体と見なしており、その相手に「喉に寄生虫がついているよ」と教えてあげている（だから、これも鏡像自己認知はできていない）

③の指摘は以前にもあり、すでに追試実験を行っている。そしておふたりとも、

④茶色いマークを見たときだけ注射による触覚刺激を感じている

という可能性を指摘した。もし、マークを見たことで触覚刺激を感じているなら、痒いから擦ったのであり、マークテストは成り立たないことになる。

しかし、これらの批判は、魚類のマークテストの合格をなんとか阻止しようとしているだけではないか、とさえ思えるほどの内容である。

2 追試実験に次ぐ追試実験

†サンプル数が少ない？

とにかく批判への検証実験が始まった。まずは、①実験個体数の少なさに対する追試実験である。我々の論文では、4個体中3個体が最終的にマークテストに合格した。この数値は決して低くはない。インドゾウは3頭のうち1頭が、カラスの仲間のカササギでは5羽のうち2羽だけが合格しているのである。これらは1個体、2個体という少ない合格数で鏡像自己認知が認められている。ホンソメの4匹中の3匹の合格は、決して少なくないと言い返すこともできる。しかし、全長6、7cmのホンソメは飼育も簡単で、追試はそんなに難しくはない。何せ45×30×30cmの水槽が1つあれば、1個体の実験ができてしまう。大学の実験室1つで、10個体分くらいの実験はすぐにできるのだ。ホンソメは材料動物の入手許可も不要だし、とにかく値段が安い。追試をしたほうが話が早い。

理想的な追試は、誰がやっても同じ結果が出ることである。新たなホンソメ8個体を4回生の藤田陽光（ふじたあかね）さんに、6個体を修士課程の院生の久保直樹（くぼなおき）君にやってもらうことにした。4回生のいわば初心者にできるのか？　いやいやそんな特殊な技術はいらない。やり方などは最初私が教えるが、実験の実施やビデオの解析には、私はまったくタッチしない。藤田さんの8個体とは独立に、久保君の6個体と私の4個体でのべ18個体。これで3つの実験が独立に実施されたことになる。結果が同じ傾向になれば、追試実験の個体数としては十分だろう。

その結果は非常に満足できるもので、同じ傾向が得られた。というより、なんと新たに実験した14匹すべてがマークテストに合格したのである。対照実験1（マークなし・鏡あり）では、もちろん誰も喉を擦らない。対照実験2（透明の擬似マーク・鏡あり）でも誰も擦らない。対照実験3（茶色マーク・鏡なし）では、マークが見えず、やはり誰も擦らない。最後の本実験（茶色マーク・鏡あり）のときだけ14／14とすべての個体がマークを擦ったのだ。この結果は発表論文の実験結果（図4-7、一三八頁）と同じである。全個体がマークテストをパスするというこんな結果は、鏡像自己認知の研究の歴史のなかでどこにもない。チンパンジーでさえ、その出来はもっと悪い。2人の実験結果は正しいのだろうか。魚が喉を擦っている場面のビデオを編集してもらい、それを一緒に確認した。間違いなく、ホンソメはその場面でちゃんと喉を水槽の底で擦っていた。

実はこの成果を、2019年7月にシカゴで開かれた国際動物行動学会で口頭発表した。最初の論文が公表されてから5カ月後の国際学会である。多くの聴衆は、魚の鏡像自己認知の追試結果がどうなったのかを、興味津々で聞きに来ているのだ。壇上でスライドを指しながら、「All of the 14 fish passed the mark test! It's perfect.（14匹すべてがマークテストに合格しました。完璧です）」と私が言ったその瞬間、会場からはオーという歓声とともに、拍手が湧き起こった。後方の席ではスタンディングオベーションまで起こっていた。国際学会の発表会場でこんなに盛り上がるのは、見たことも聞いたこともない。思わず私も壇上からアドリブで「サンキュー」と手を振ってしまった。

会場には霊長類以外の哺乳類、鳥類、魚類の研究者が多かったこともあろうが、そのとき「世界の風向きが変わってきた」と肌で感じた。賢い動物は類人猿やサルだけだとする従来の価値体系に対するパラダイムシフトだ。発表会場では批判的な雰囲気はほとんどなかった。発表の直後や、その後ロビーで個人的にもらった感想や質問も、肯定的なものばかりだった。「はじめに」で述べた、スウェーデンでの最初の発表と大違いである。

ホンソメの合格率（14／14＝100％）は、チンパンジー（40％）やインドゾウ（30％）、カササギ（40％）をも凌駕するダントツの高スコアである。ホンソメの合格率がこんなにも高いのはなぜだろうか。もちろんこれには理由がある。チンパンジーの合格率でさえ、平均するとせいぜい4割である。ホンソメの合格率の高さは、まさか、ホンソメがチンパンジーより賢いということではない。それはマークの問題なのであるが、その話に入る前に、まずは残りの批判研究について述べていきたい。

†喉を擦るのは相手への交信？

最初の批判への検証実験に続き、②と③の批判に答えよう。②は、喉を擦っているように見えるが実は鏡で喉を見ているとの反論、③はホンソメが鏡の姿を仲良し個体と見なし、「喉に寄生虫がついているよ」と教えている、とのギャラップ教授のご意見（反論）である。もし、これら2つの反論が正しいなら、喉を擦るとき、ホンソメは「鏡の中の自分」や「鏡の中の相手」、つまり鏡像が見える場所を選ぶはずだ。そこで考えたのが、「喉擦りに相応しい石があるけれども鏡の見えない場所」と、「鏡が見えるが喉を擦るにはよくない場所」の両方がある水槽を用意し、どちらでマークを擦るかを調べる実験だ（図5-1）。②や③の反論が正しいなら、鏡が見える場所（白い板の前以外の場所）を選ぶはずだ。一方、幸田仮説が正しいなら、鏡像が見えるかどうかはどうでもよく、寄生虫を擦り落とすことが大事なのだから、白い板で鏡が見えなくても効率の良い岩を選ぶはずだ。

この実験の結果、合計37回の喉擦り行動のうち34回で、白い板で鏡から遮蔽されて鏡の中の相手（＝自分）が見えない石で擦ったのである。さらに3例は鏡とは反対側のガラス面で擦った。鏡から一番遠い反対側のガラス面で喉を擦るのは、相手に見てもらうために（あるいは鏡の喉を見るために）行っているのではないことは明らかだ。完璧な結果である。

図5-1「喉を擦るのではなく、相手に寄生虫がついていることを教えている」との批判を検証するための水槽。水槽左隅の岩が擦るのには適した場所。もし、寄生虫に見えるマークを取り除くのが目的なら、岩の上で擦るはずだ。しかし、鏡の相手が見えるところで擦るのが目的なら広い鏡の見える砂地で擦るはずだ。34/37が白板の前の岩で擦った。

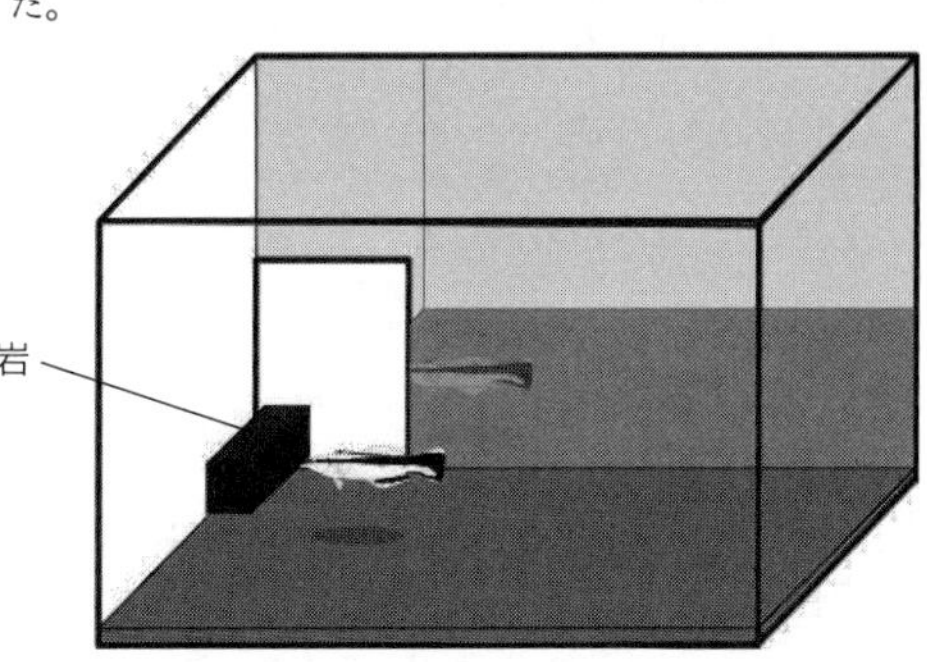

この結果を見れば、軍配はギャラップ仮説ではなく、幸田仮説に上がることに誰からも物言いはつかないだろう。

さらに、ホンソメが自分の喉を確認しているのだとわかる結果もついてきた。第4章の説明のとおり、ホンソメは喉を擦った直後、もう一度喉を鏡で見に行っていた。ついたてがない場合（第四章で行った実験およびサンプル数を増やした追加実験）は、擦った後は、擦った場所のすぐ前の鏡面で喉を見ていたが、ついたてがある場合はそうはいかない。どうしたか。ホンソメはわざわざ、ついたてから離れ、鏡の前まで行って喉を見ているのである。障害物があっても、わざわざそれを避けてあえて自分の喉を見に行くのである。この鏡を使った喉の覗き込みの目的はなんだろうか？　それは、擦った喉の寄生虫が取れたかどうか、あるいは擦った後がどうなったのかを見に行っているとしか、私には考えられない。

もっといえば、喉を擦るための石は、擦るための道具である。場所を選んでマークを擦ることは、使い勝手の良い道具を使うこと、つまり道具使用である。ホンソメは切れ味の良い道具を選んで、寄生虫を擦り落とそうとしているのであり、その後、喉を鏡で見ることで、その成果を確かめているのである。

†見えないから感じない？

最後に対応した批判④は少しややこしい。図4-7（一三八頁）を見ながら読んで欲しいのだが、魚が鏡で喉のマークを見たことにより、マークの触覚刺激を感じる可能性があるというのだ。つまり、擬似マークや鏡を見せない茶色マークの実験では、ホンソメはマークを見ないので痛みや痒みを感じない。なので、もしマークを見たときに、その視覚刺激がきっかけで痒みを感じれば、このマークテストは無効であるというのだ。こんなことが起こる可能性は低く、どちらかというとほとんど難癖である。しかし論理的には完全に否定できない。

実験に使用した茶色マークは、その色・大きさ・形までが寄生虫そっくりに見えるようにつけている（口絵4）。これは、寄生虫を見たら取り除こうとするホンソメの習性を利用して、マークを擦る行動を引き出すことをねらっている。では、同じ大きさや形のマークでも、青や緑などの寄生虫には見えないマークを使えばどうなるだろうか？　幸田仮説では、寄生虫に見えなければ、ホンソメはマークを擦らないと予想される。しかし、ドゥ・ヴァール教授とギャラップ教授の仮説のように、マークの色が見えることで、注射による触覚刺激を感じるのであれば、青や緑のマークが見えても刺激を感じ、擦るはずである。実験をしてみた。ホンソメは、これらの色も見えていることはわかっている。

結果はどうだろう。緑や青の色素を喉にマークして鏡を見せても、ホンソメはまったく擦らなかったのである（図5-2b）。実験では、同時にホンソメが喉を鏡に映して、合計でどのくらいの時間見るのかも調べてみた。鏡で喉を見る時間も、青や緑ではマークをしていないときと比べて増えないのだが、茶色のマークの場合は、喉を見る時間がはっきりと増加したのである（図5-2a）。ホンソメは寄生虫に似た茶色マークだけが気になり、

図5-2 喉に青、緑、茶色のマークをつけたときに、a）鏡で喉を見る時間と、b）喉を擦る頻度。喉をより長く覗くのも擦るのも茶色マークのときだけである。xとyは統計的有意差を示す。

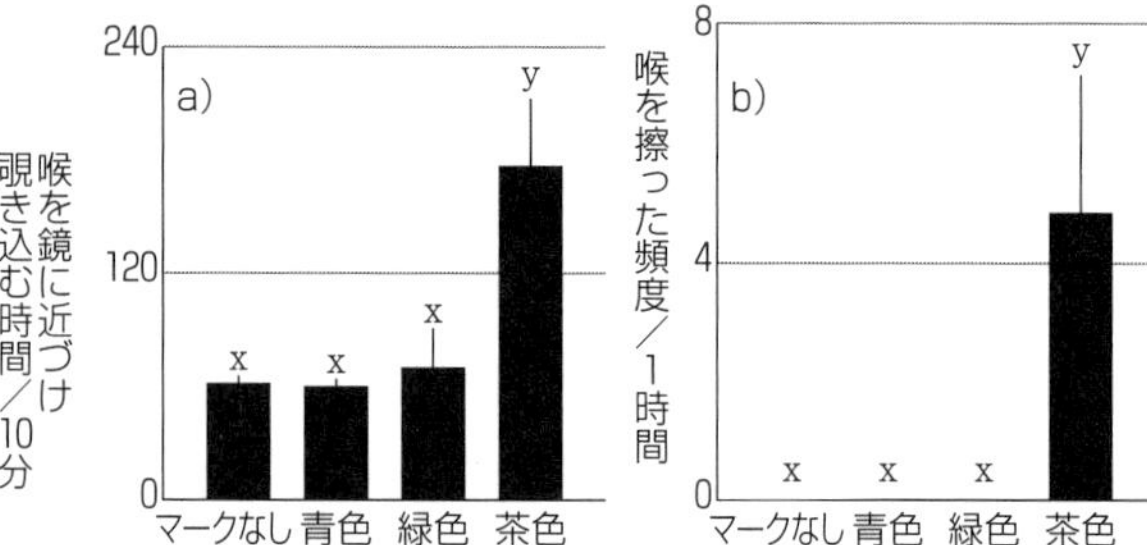

似ていない青と緑はほとんど気にしないのである。ヒトの眼にもとても寄生虫には見えない青や緑のマークは、彼らにも寄生虫には見えていないようだ。

この結果はドゥ・ヴァール＝ギャラップ仮説を否定する。マークが見えたことが引き金になって、痒みなどの触覚刺激を感じるということはなさそうだ。そして、この結果は寄生虫に見えるからこそマークを擦っている、という幸田仮説をさらに支持する結果となったのだ。

仲良しペアでの実験

ホンソメはサンゴ礁の広い範囲を泳いでいる。2匹を同じ水槽に入れると、激しく闘争することが多い。しかし、大小の適切な大きさの個体を入れれば、仲良しのペアもできる。鏡を見て喉の寄生虫に気がつくなら、もし仲良しの2匹の間で相手の喉に茶色マークがついていれば、それを寄生虫と見なし、相手の喉の寄生虫を取り除こうとするはずである。この実験はもっと早くにやっておくべきだったが、仲良しの個体をなかなか作ることができなかった。しかし、偶然サイズの異なる2個体で、仲良しの2ペアができたのでこの実験を行った。

横が60㎝の鏡のない水槽にペアの2匹が入っている。これまでと同じように夜中に麻酔をし、透明と茶色マークの注射を小さい個体の喉に施した。結果は予想どおりである。小型個体の喉にマークがないときは、大きな個体は喉の掃除をしようとはまったくしない。さらに、透明マークの場合も同じであった。しかし、小型個体に茶色マークをつけたときだけは、大型個体は相手の喉の寄生虫を何度も取ろうとしたのである。大型個体が喉の寄生虫を取ろうとするとき、小型個体はじっとしていた。このことは、明らかにホンソメが茶色マークを実際の寄生虫と見なし、除去行動を行っていることを示している。これは、ホンソメが鏡像を見た後で自分の喉のマークを擦るのは、自分の喉のマークを寄生虫（あるいは寄生虫に似た気になるもの）と思っているとの考えを支持している。

3 「生態的マーク」の意味

†マークの色で結果が変わる

ここでマークの色の問題についてさらに考察してみたい。ホンソメは、魚の体表についている寄生虫を除去する。だから、寄生虫のように見える茶色いマークがついていれば取り去ろうとする。見ていると、彼らは茶色マークの寄生虫を見つけると気になって仕方がないように思える。

ホンソメの茶色マークと青色マーク、緑色マークの場合の反応をもう一度見ていただきたい（図5-2）。青色や緑色のマークを彼らは寄生虫とは見ていない、あるいは急いで取り除く必要があるとは見なしていない。青色や緑色はホンソメにとって意味のないマークであるが、茶色はホンソメにとって気になって仕方のない寄生虫である。考えてみると当たり前だ。つまり、意味のあるマークならマークテストに合格するが、意味のないマークでは、マークテストは不合格になってしまうのである。

この点は大変重要だ。マークの色という、ほんのちょっとの違いで、結果がまったく逆転してしまうのだ。このことはほんとうに注意が必要なのだが、これまではあまり考慮されてこなかった。

これまで行われてきたマークテストでは、チンパンジーでは額に赤いマーク、インドゾウでは白いマーク、カササギでも赤か黄色のマークが使われている。これらのマークは、その動物に何らかの意味があるとは考えにくい。

マークテストに使ってよいとされているマークの条件とは、動物が、鏡で見ないとマークに気がつかないこと（＝嗅覚刺激や触覚刺激がないこと）であり、マークの色、形、大きさについては特に条件はない。ほんとうは、動物にとって意味のないマークであれば、動物がマークを擦る動機が下がる、あるいはなくなるため、マークが自分に付いていると認識していても擦らず、合格率が下がることが懸念されるが、この点は条件として考慮されていなかったのだ。

正確にいうと、動物がマークに関心を示さない条件では実験になっていないのである。マークがとても気になり、触りたい、取り去りたいと思うような何らかの生態学的に意味のあるものが使われたのは、なんと、マークテスト50年の歴史の中で、今回のホンソメワケベラがはじめてなのである。ホンソメが他の動物に比べ圧倒的に高い合格率（94%、17／18）を示したのは、このためである。

†生態的マークでなければ結果は一定しない

鏡像自己認知実験は多くの動物でなされており、100種は遥かに超えるだろう。その中で合格したのは大型類人猿やゾウ、イルカ、カササギなどに限られ、ほとんどの対象種はマークテストに合格していない。その例を挙げれば、多くの類人猿以外の多数のサル類、ネコ、イヌ、ブタ、アシカ、パンダ、ほとんどの鳥類ときりがない。しかし、そこで使われているマークは実験動物にとって意味のないマークばかりなのだ。

また、合格した動物においても結果は一定していない。チンパンジーでのマークテストは、最初赤色マークを使ったのでルージュテストとも呼ばれる。現在チンパンジーはのべ100頭を超える個体で実験されているが、合格率は約40%、半数弱の個体しかマークを触らない。さらに、一旦合格したチンパンジーが、翌年の実験で合格しないことはふつうにおこっている。ゾウの場合も同じで、マークテストに合格したニューヨークの動物園の雌のハッピーは、その後の実験では不合格となった。おそらくそのときの気分や関心ごとなどが影響している。こんな例はほかにもあるのだ。つまり、動物にとって意味のないマークでは、結果が曖昧なのである。

実際にホンソメの場合、彼らにとって意味もなく、関心のない青や緑のマークを使った場合、マークテストに一匹も合格しなかった。このように、マークを何色にするかは結果を左右する重大な問題を含んでいるが、この実験までは、この議論が十分になされることはなかった。

どうして、こんな大事なことが長年見過ごされてきたのだろうか。鏡像自己認知の研究は、主に欧米の心理学者や動物心理学者が行ってきた。主な対象は、ヒト、類人猿、その他の霊長類、小型哺乳類である。彼らは、実験手法の厳密さをとても重視する。一旦チンパンジーで赤いマークが使われたら、厳密な実験を目指そうとするあまり、どんな対象動物でも原則ルージュテストになってしまう。動物の生態や暮らしぶりについて、つまり生態学的側面についての配慮が我々とは違うのかもしれない。

†従来のマークテストは「関心度テスト」

従来のマークテストに合格しなかった動物の例は山のようにある。しかし、掃除魚のホンソメがそうだったように、生態的に意味のあるマークを使えば、マークテストの合格事例は今後飛躍的に増えるものと思われる。ホンソメは寄生虫が生態的マークだったが、このマークは動物それぞれの生活に応じて考えないといけない。

例えば、ブタや中型哺乳類では、アブやハチの写真のマークシートが良いかもしれない。医療用の貼り付けた感覚の薄いシートに実物大のカラー写真がプリントできればかなり良い。対照実験は鏡を見せるが何も印刷していない透明シートを貼った場合と、例えばアブを印刷したシートを額やお尻に貼って鏡を見せない場合である。アブのシールを鏡で見れば、我々が腕に止まって血を吸う蚊を見たときのように、即座に反応すると予想される。どなたかがやっていただければ、私はまず失敗はないと思っている(もちろん途中に小さな問題はいくつもあるが)。しかも、今ならまだまだ世界的な研究である。

最初にチンパンジーでなされたマークテストだが、このときたまたま赤色マークが使われた。ルージュテストはパイオニア的方法だったが、あまりにも有名になりすぎて、後に続く研究者がルージュテストを踏襲しすぎたため、このマークの無意味さが、逆に大きな足かせとなってしまった。対象動物にとって無意味なマークによるテストは、マークへの興味の度合いを調べる、いわば「関心度テスト」のようなものである。その結果、いまだにギャラップ教授は、鏡像自己認知ができるのはヒトと類人猿だけだとしているが、見方を変えればヒトと大型類人猿だけが格段に好奇心が強いことを示した実験だったのである。

このような結果に基づいて、自意識や自己意識がある動物は類人猿だけと結論するのは、解釈がおかしいというべきだろう。生態的マークを使えば、おそらくもっと多くの動物がマークテストに合格できる。そうなってくると、自己意識はもっと広い動物分類群にも認められることになり、これまでの動物観は大きく違ったものになってくる。つまり、賢いのはヒトと類人猿であり、それ以外はおバカという人間中心主義の見方から、そんなことはなく脊椎動物の多くの種類はそれぞれ思われてきた以上に賢いという、まったく異なる動物観あるいは世界観である。

この従来のマークテストは、研究手法から生じる問題が、まったく正反対の結論をもたらした実例である。しかも50年間も続き、もたらした影響が極めて大きく、他の分野や人間観や世界観にまで影響している。罪深い学問の事例なのかもしれない。

†動物は鏡で空間を理解できる?

こうなってくると、第三章3節で紹介した、イヌやネコ、ブタは鏡の機能はわかるが、自己認識はできないという説も再検討が必要だろう。

これらの実験は、実に多くの動物が鏡の性質を理解し、見えないところを見るために鏡が使えることを示している。ほとんどの霊長類、イヌ、ネコ、ブタなど、鳥類でもオウム、カラスの仲間数種などは、簡単にその課題をこなしている。つまりこれら多くの動物は、鏡の性質が何であるのかがわかっているが、マークテストには失敗している。

これらの鏡を使った空間認識実験では、動物が探すのはオレンジやリンゴといった美味しい食べ物である。彼らにとって何の興味もない、例えば黄色や赤のボールが使われていれば、おそらく、見えていても興味を示さず、取りに行こうともしないだろう。すると、彼らが鏡を使って空間認識ができたかどうかはわからないことになる。それでは実験にならないのだ。だから、対象動物にとって興味のないものは決して使わない。しかしながら、なぜかマークテストになると、意味のないマークだけが使われてきたのだ。

†マークテストの条件

ここまでの話をまとめよう。マークテストのマークは、実験動物が鏡ではじめて見たとき、自分の体についており、気になって仕方がないようなものがよい。逆に、気づいても無視するようなマークでは、そもそも実験が成り立っていない。気になるマークかどうかは、テストの前に、動物自身が直接見える自分の体、例えばサルなら手や腕につけておき、触るかどうかで確認できる。アカゲザルでの例では、実験前に本人が直接見える腕にマークをつけてもマークを気にせず、触らなかったとの報告がある。そのマークではマークテストは成り立たっていない。

ホンソメは、自分で見える体の体側のマークを見ると、擦って取り除こうとした。このような直接見たときに触ろうとするマークでないと、マークテストに「使ってはいけない」のである。このことは、マークテストの条件に含めるべきである。これができない動物は、マークテストに合格しなかったのではなく、そもそもテストに出題ミスがあったのだ。たかがマークの色であるが、何せ正反対の結果になる。もうこの出題ミスは改めないといけない。

実は、ほかにもマークテスト合格へのハードルがある。そもそも鏡を見ないとマークは見られない。先述したゴリラがその例である。類人猿ではチンパンジー、ボノボ、オランウータンで鏡像自己認知ができていた。今世紀はじめまで、なぜかゴリラだけがマークテストに合格しなかった。研究者が困惑したのは、類縁関係がヒトからより遠いオランウータンが鏡像自己認知できるのに、より近いゴリラができないからである。このためほんとうに多くの人がその理由をあれこれと考察した。

第三章2節で紹介したとおり、そのうち、人に飼われて多くの手話の単語を覚えたゴリラのココがマークテストに合格した。ゴリラ社会では彼らは相手と目と目を合わすことを極端に避ける。しかし、ココはこのゴリラのエチケットが薄らぎ、鏡の自分を正面から見られるので、マークテストに合格したのだ。ニホンザルやアカゲザルをはじめとするマカク属のサルも相手の目を見つめることを避ける。マークに興味を示さないことの他に、相手の顔を見ないという習性も、彼らが不合格になるひとつの原因なのだろう。

ホンソメのマークテスト合格の論文が出て以降、世界の研究の流れが変わりはじめた気がしている。ホンソメ論文以後、世界中で発表された鏡像自己認知論文はいくつかある。そのうち、イエカラスや日本にもいるハシボソガラスにも鏡像自己認知ができるとの報告が出た。マークテストに合格しなかった動物の論文でも、ホンソメ論文を引用し、マークの方法の問題を指摘し、「これを改善すればできるだろう」と述べるなど、いずれの論文も鏡像自己認知はできないと結論していない。

今後、ヒトに近い類人猿や、脳の大きな動物（ゾウ、イルカ、カラス類）だけではなく、もっと広い範囲の脊椎動物で鏡像自己認知の例が明らかにされるだろう。なにせ、脳の重さが1gもない魚にできるのである。

第六章 魚とヒトはいかに自己鏡像を認識するか?

ヒトは、鏡に映る自分の顔を見て鏡像を自分だと認識する。胸や腹でも手足でもないし、動きや仕草でもない。自分の顔そのもので、自分だと認識するのだ。実はその際、記憶している自己顔のイメージと照らし合わせている。この過程は、他者をその顔で個体識別している他者認識とよく似ている。

鏡像自己認知ができる動物は、どのように鏡像を自分だと認識しているのだろうか。このテーマは、鏡像自己認知そのものよりも興味深いと、私は思っている。しかし、研究が難しいせいか、動物での研究はなさそうだ。鏡を見たホンソメは、どうやって自分と認識するのだろうか。ホンソメはヒトのように自分の顔を認識して、自己鏡像を認識するのだろうか？　それとも我々の知らない魚独自のやり方で、鏡像自己認知をするのだろうか？

第二章で述べたように、魚も他者認識をする際は、ヒトのように相手の顔を個別に認識して行っていた。おそらくホンソメも顔で他者認識をしているのだろう。もし、他者認識の方法がヒトと魚で同じであるように、魚の自己認識の方法もヒトと同じだったらどうだろう。この考えが正しいなら、魚に自己意識や自我があることになり、それこそデカルトに始まる西洋哲学や宗教と相容れないことになる。

実験したところ、どうやらホンソメも自己顔に基づいて鏡像自己認知をしているのだ！

まるでヒトと同じなのだ。これから、その研究の過程について述べていく。

1 動物は自己鏡像をどう認識するか？

†自己意識の3つのレベル

この節には、新しい専門用語が次々と出てくる。その意味で本書のなかでも固苦しく、心苦しい箇所である。なお、研究者や教科書により言葉遣いや定義には幅があるので注意が必要である。

動物が、鏡像自己認知できることは、なんらかの自己意識（Self-awareness）を持つことを示している。この点は、研究者の間でほぼ異論のないところである。意識が、自分自身に振り向けられる場合が自己意識である。本書で自己意識を重視するのは、デカルトが自分のことを省みること（＝自己意識を持つこと）は人間にしかできず、機械のような動物にはできない（＝自己意識がない）としたこととも関係する。当然、西洋哲学や宗教にとっても自己意識は大事な概念だ。鏡像自己認知ができたホンソメにはなんらかの自己意識がある。しかし、あるからヒトと同じだとするのはさすがに短絡的すぎるし、有る無しだけでは話が大雑把すぎる。自己意識の大事な問題は、どのようなレベルの自己意識なのかという点である。

自己意識には、大きく次の3つのレベルが提唱されている。おそらく、進化の過程で現れた順、あるいはより単純な順といえるかもしれない。簡単に説明すると、以下のとおりだ。

①外見的自己意識（Public Self-awareness）：自分の手足、体などが、自分の身体であることがわかっている状態。歩行中、物にぶつからないように避けるというのは、この外見的自己意識があるからできるのである。これが、最も簡単なレベルの自己意識といえる。

②内面的自己意識（Private Self-awareness）：自分というイメージ（心的表象）を持ち、そのイメージと照らして自己認識している状態。これは、自分自身を見つめる自己意識である。外見的自己意識よりも、高次な自己意識と考えられる。自分自身を省みる、「心」がある状態が、この自己意識にあたる。

③内省的自己意識（Meta Self-awareness）：自分が内面的自己意識をしていることを、わか

っている、自覚し意識している状態といえる。もちろんヒトにはあるが、動物での検証例はほとんどない。

†鏡像自己認知に必要な自己意識

鏡像自己認知の場合を例に、順に詳しく見ていこう。

まず、外見的自己意識である。鏡を見た動物は、鏡像と自分との運動の随伴性（＝同調性）を確認することによって、自己認識をしているという仮説が提唱されている。「仮説」といった理由は、鏡像自己認知が外見的自己意識に基づいて行われていることが、きちんと示された例がないからだ。この仮説は言い換えると、「鏡を見た動物は、自分の動きと鏡像の動きの同調性を視認し、鏡像を「自分と同じ動きをするもの」として認識している」ということになる。

ホンソメでいえば、ステージ2の、奇妙なダンスなどで動きを確認する行動をしているときが、それにあたると思われる。この場合は、動きの同調性で鏡像を認識しているので、内面的自己意識のような自分のイメージはなくても認識できる。しかし、この認識の仕方では、鏡から一旦離れると、あるいは毎朝眠りから覚めたとき、改めて動きの同調性の確認をするはずだ。しかし、ホンソメは一旦ステージ2が終わると、そのような動きの確認はしなくなる。そもそも、ステージ3になり、マークテストに合格するときは、チンパンジーやホンソメも他の動物も、動きの同調性の確認などせずに、見ただけで鏡像が自分とわかっているかのように振る舞っている。少なくとも、この段階では外見的自己意識ではなさそうだ。しかし、このときでも、鏡像は自分と同調して動いているので、外見的自己意識によるという考えは完全には否定しきれないのだ。

次に、内面的自己意識の話に移ろう。ヒトは鏡に映る顔を自己の顔と認識し、それで鏡像自己認知をしている。記憶している自己顔が自分のイメージ（心的表象＝心象：Mental-representation）となり、その心象と自己鏡像とを無自覚かつ瞬時に照らし合わせて、自分と認識しているのである。鏡の前で毎朝変な動きをして、動きの同調性を確認したりはしない。

このようにヒトは、鏡で見る自分の姿を、自己のイメージ（自己心象）と照らし合わせることで自分だと認識する。つまり、自己意識は自己の存在をイメージとして認識することができており、これが「内面的自己意識」である。顔心象以外でも、自己に関する何らかの心象があれば、内面的な自己意識は生まれる。これがあると、自分とはどういうものかを把握し、他者とは違うことを認識している自己概念(Self-concept)をも持つことにつながる。このヒトの内面的自己意識や自己概念を持つヒトの「心」は、読者各位の経験あるいは実感として認識いただけるかと思う。

†外見的自己意識か、内面的自己意識か

ギャラップ教授は、彼のチンパンジーの鏡像自己認知実験から、鏡像自己認知できる動物は内面的な自己意識を持つだろうと一般化した。私は、教授の直感的主張、悪くいえば思い込み的主張は、正しいだろうと思っている。教授とは喧嘩ばかりでなく、ときには合意する点もある。マークテストのとき、チンパンジーもホンソメも、動きの随伴性の確認などしていないと思えるから、おそらくそうだろう。

ただし、教授とは違いマークテストで内面的自己意識が証明されたとは思っていない。ヒトの場合、自己「顔」心象があり、それとの対応で鏡像自己認知をしている。だから内面的自己意識があるといえる。しかし、これまでの動物の鏡像自己認知実験では、対象動物が自己心象をもつと言い切ることはできない。それをいうためには、やはり動物の鏡像自己認知がヒトのように、自己という心的表象に基づく証拠を示すことが必要だ。マーク

テストに合格しただけでは、自己心象の有無は、厳密にはわからない。これまでの鏡像自己認知できるその他の動物でも、自己心象の積極的な証拠は示されていない。

この、外見的自己意識仮説か内面的自己意識仮説かの論争は長い間続いているが、動物ではどちらが正しいのか、実はいまだに決着がついていない状態なのである。決着をつけるには、動物が鏡像自己認知をどちらのプロセスで行っているのかを確かめればよいのだが、動物ではその実験がまだできていない。そもそも、鏡像自己認知できる多くの動物で、マークテストにパスするのは実験した個体のうちの一部でしかなく、いまでも多くの関心は動物がマークテストにパスできるかどうかにある。

ヒトのように、実験個体のほとんどが鏡像自己認知できる動物は、今のところホンソメだけである。しかも、その飼育はチンパンジー、ゾウやイルカに比べたら、はるかに容易であり、複数個体を同時に扱える。ホンソメの実験で次に扱うべき問題は、やはり、魚が鏡に映る自分の姿をどのようなプロセスで認識しているのかの解明である。これを解決しないことには、動物に内面的自己意識があるのかないのか、つまり「こころ」はあるのかという問題は先に進まない。この問題はどの動物でも解決されておらず、ここは研究のしどころである。

†自己顔心象認識仮説

では、動物が内面的自己意識を持っているかどうか――自己のイメージ（自己心象）があるかどうか――はどうすればわかるのだろうか。

既に見たとおり、動物が鏡像自己認知を外見的自己意識によって行っているという仮説は、「鏡を見た動物は、鏡像と自分との運動の随伴性（＝同調性）を確認することよって、自己認識をしている」という理解に立っている。ということは、動いていない自分自身の姿を見て自己認知ができればいいのだ。動かない自分の写真を見て「これは自分だ」と判断できれば、鏡像自己認知も動きではなく、記憶のなかにある自分の姿をもとに行っていると言えるだろう。

だが、ここで私は、もう一歩踏み込んだ仮説を提唱したい。それが、自己顔心象認識仮説――すなわち、ホンソメは自身の顔の心象をもとに、自身を認知しているという説である。これが正しいと、ホンソメの自己認知のやり方はヒトとかなり近い、あるいは同じということになる。

我々ヒトの場合、鏡を見るときに特によく見ているのは顔である。朝の洗面台やエレベーターの中の鏡を見るふだんの自分を思い出していただきたい。間違いなく顔を見ているのであって、その他の体、手足や胸、腹、腰などは見ていない（洗面台の鏡は、顔を点検するためにある）。さらに、我々はふだん他者認識をする場合も、個々の相手の特有な顔を基準にしている。このように、ヒトでは他者認識と自己認識が、顔の心象に基づき認識されているわけだ。この類似性は、決して偶然ではないだろうと私は考えている。

第二章で紹介したように、タンガニイカ湖のシクリッドのプルチャー、さらに南米産のディスカスはじめ、多くの社会性の高い魚類が他個体を個体認識するときは、ヒトと同様に、相手個体の個体変異のある顔で行っていた。ヒトと同じく魚にとっても、他者認識をする上で、顔は特別な存在なのである。

すると、ホンソメも相手個体の顔で他者認識をしている可能性が高い。そして、鏡像自己認知できるホンソメは、ヒトと同じように他者認識も自己認識も顔でしているのではないか、と考えられる。もし、ホンソメが他者認識を顔でしており、かつこの仮説、「自己顔心象認識仮説」が正しいなら、つまりホンソメが自己の顔のイメージ（自己顔の心象）を持ち、これで鏡像自己認知しているならば、魚には内面的自己意識があるばかりか、それはヒトの内面的自己意識と同じように働いている、といえるのではないか。そこでこの仮説の検証実験を行った。まず、これら2つの仮説についてこれから述べ、3つ目の内省的自己意識は、だいぶ先になるが、その後で触れる。

そもそもホンソメが個体を何で見分けているのかはまだわかっていない。ホンソメがグループ内の親しい個体をどのように認識しているのか、まずはここから進めたい。

2 ホンソメに自己顔の心象があるか

†ホンソメも他者認知は相手の顔で

野外では、ホンソメは同じハレム内で頻繁に出会う親しい個体を、視覚で個別に識別していることは確かだ。ホンソメも他の魚のように、相手個体を顔に基づいて識別するのだろうか。パッと見たところ、ホンソメの顔にはプルチャーやグッピーのような顕著な色彩模様は見当たらない。体側の前後に横たわる黒い線の形には変異がある。ホンソメは顔ではなく体の模様で区別しているのだろうか？　しかし、ほかの多くの魚が顔認識をしていることを考えると、ホンソメだけが例外的に顔以外で認識しているとは、とても考えにく

図6-1　ホンソメワケベラの顔の色彩変異と全身写真。頬の辺りを中心にソバカス模様が変異を伴い散在する。

い。

とにかくホンソメの顔を詳しく見てみよう(図6-1／口絵6)。拡大してよく見てみると、顔には頬を中心に、細かなソバカス模様が散在しており、その分布パターンに微妙な個体変異があった。思ったとおりである。しかも、このソバカスは顔を中心に分布し、胴体や尾部には見当たらない。ホンソメは、このソバカスを含む顔の色彩変異で個体識別をしている可能性がある。ホンソメは眼がいいことが知られている。そんな彼らは、我々にとっては細かすぎる小さな変異でも区別がつくのかもしれない。これで顔認識ができるのかどうか、さっそくこの仮説の検証実験である。

ホンソメは同じサイズの個体とは縄張り関係

になる。同じサイズの個体を入れた2つの水槽をくっつけて置けば、彼らはガラス越しに、激しく攻撃しあう。しかし、4、5日経てば、ホンソメはガラス越しに親愛なる敵関係、つまり互いに寛容な関係になると期待される。なぜ寛容になるかというと、第二章のプルチャーのところで述べたように、縄張り境界が安定し、同時に個体識別し、信頼関係ができたからである。予備実験をしたところ、3日以降になれば互いに見知った隣人となり、かなり寛容になるが、見知らぬ他個体を見せた場合は、依然として攻撃的だった。この結果はプルチャーとほぼ同じである。

2つの水槽を隣接させた5組の計10水槽に、ホンソメを入れて4日間置き、親愛なる敵関係を持つ10個体を用意した。あらかじめ撮影しておいた隣人の顔写真と未知の個体の顔写真を使ってモデルを作り、それを対象個体に見せた。この実験は、ホンソメが顔で個体認識するのかを確認することが目的である。この場合は胴体の写真は、第三者の写真を共通して使っている。このモデルでも、ホンソメが顔の模様で個体識別をするなら、隣人顔のモデルには寛容で、未知の顔のモデルには攻撃的になるはずである。

その結果は、図6-2の「隣人顔」と「未知の顔」を見ていただきたい。未知の顔のモデルには激しく攻撃したが、隣人顔のモデルへの攻撃は激しくはない。つまりホンソメも、

図6-2 自己顔、隣人顔、未知個体の顔と同じ第三者の胴体で作った合成写真に対する5分間の攻撃頻度。a、b、cはその間に有意差があることを示す。

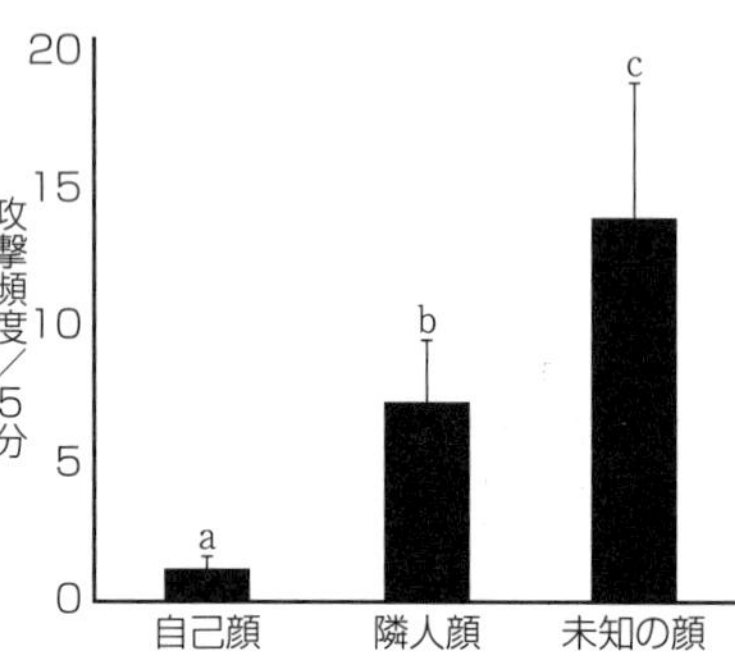

知っている隣人か知らない個体かは、相手の顔で識別している。まったく予想どおりの結果だった。やはり第二章で紹介した他のいろいろな魚の場合と同じで、隣人の顔と隣人の顔心象とを照らし合わせて個体認識をしているのだ。

ホンソメが相手個体の顔に基づいて他者認識をしているとなると、ヒトやチンパンジーが集団内の他個体を識別するときとやり方は同じである。ヒトは誰でも、顔心象を持ち、顔心象に基づいて他者認識と鏡像自己認知を同じやり方で行っている。そうすると、ホンソメだって自分の顔そのものを認識し、それを「こころ」にある顔心象と照らして、鏡像自己認知している可能性、つまり前節で提唱した「自己顔心象認識仮説」が当てはまる可能性は十分考えられそうだ。もしそうなったら、ほんとうにえらいことである。この実験により、はじめて動物が、ヒトと同じように内面的自己意識を持っていることが実証されるのだ。

†顔心象を通じた個体識別の意味

ここで、顔心象を用いて他者や自己を識別するということの意味を確認しておきたい。

既に述べたように、ヒトでの、他者の顔に基づく他者認知と鏡像自己認知での自己顔に基づく自己認知との類似性は、決して偶然ではないというのが私の考えだ。自己心象によって自己鏡像を識別する動物は、内面的自己意識を持っていることになる。その自己心象の核になるのが、ヒトでも魚でも「顔」になりそうなのだ。

「顔心象」は重要な用語である。他個体を識別するときは、個々に異なる相手を個別に記憶していることが必要だ。他者認識をする場合の、その相手の顔についての記憶から「顔心象」ができる。それは、「こころ」にある相手人物の顔の鋳型のようなものだ。相手の顔や顔写真を見たとき、見た相手の顔が無意識かつ瞬時に鋳型と照合され、相手が誰かが判断されるのである。その際、鋳型が存在しているというはっきりした自覚も、照合しているとの認識もない。このため、相手の顔を見た瞬間に誰々だとわかる、と我々は感じるのである。この鋳型という心象は、経験の中で形成された個人特有のものであり、この顔心象の鋳型なしには他者認識はできない。

繰り返すが、パッと相手を見てすぐに「誰々さん」とわかるのは、その「誰々さん」の顔心象があるからだ。つまり、他者認知をするホンソメが、隣人の個体の顔写真ですぐに隣人と認識できたのは、隣人の顔心象を持っているからである。

†写真で自己認知ができる

ここまでの研究で、ホンソメが他個体の識別を相手の顔で行っていることがわかった。

では、鏡像は何で認識しているのか？　鏡像認識も顔で行っていると証明できれば、魚にも自身の顔心象があるということ、ひいてはヒトのような内面的自己意識があると証明できる。ホンソメが鏡像認知を自己顔に基づいて行っているという「自己顔心象認識仮説」を検証していこう。

はじめに実験手順をやや詳しく説明しよう。鏡を見たことのない実験対象個体のホンソメの全身写真を撮る。同様に、実験対象個体が見たことのない未知個体の全身写真も撮る。本人およびこの未知個体の写真を、本人と等身大の大きさに高解像度で印刷し、さらにラミネート加工しておく。まだ鏡を見たことのない対象個体に、これら自分の写真と未知個体の写真を、それぞれ水槽のガラス越しに提示する。この時点では自分の鏡像を見たこと

図6-3 鏡を見る前の個体に対する、自己写真（SS）と他者写真（UU）への反応と、マークテスト合格後の自己写真（SS）、他者写真（UU）、自己顔他者体（SU）と他者顔自己体（US）の合成写真に対する反応。a、bは、同じ文字間は有意差なし、a-b間は有意差あり。

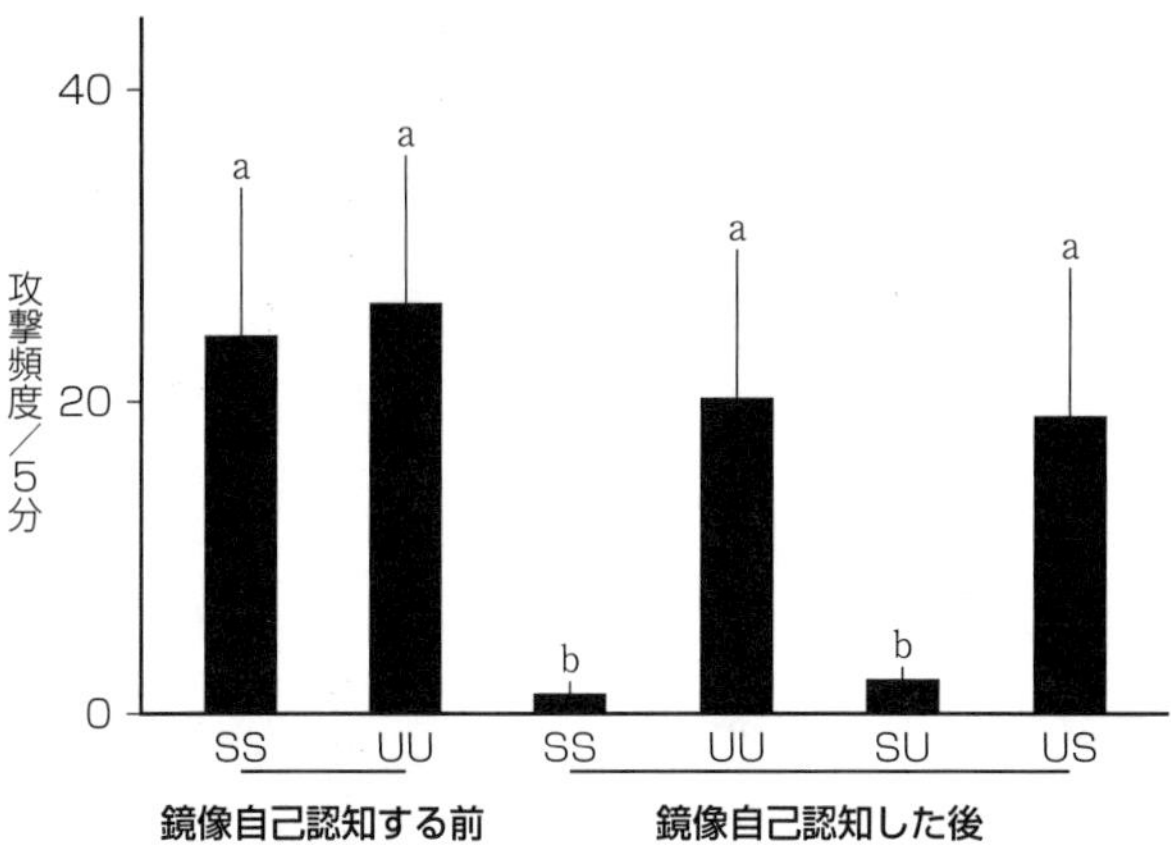

のない対象個体は、おそらく自分の写真も未知個体の写真と見なすだろう。予想どおり、10匹の対象個体は自分の写真にも他個体の写真にも同じような頻度で激しく攻撃した（図6-3の「鏡像自己認知する前」の結果）。見たことのない自分の写真は、やはり赤の他人だと思っているのだ。

この実験が済んだ後で、対象10個体にこれまでと同様に鏡を1週間ほど見せる。鏡を見せた初日、そして翌日も自分の鏡像に対し頻繁に攻撃をしたが、3日目になると攻撃が減るとともに不自然な確認行動が頻繁に見られ、その後、鏡の姿を覗き込むようになった。ここまでの時間の流れでの行動変化は、おおむね今までどおりである。鏡像を覗き込み、自分の鏡像に対してまったく攻撃をしなくなる5日目ごろ、自分だと認識したのだと思われる。今回大事なのは、攻撃をやめたのは、自分の顔で自分と認識したからなのか（内面的自己意識仮説）、あるいは動きがいつも自分と同じであると随伴性を認めたからなのか（外見的自己意識仮説）、この2つの仮説のどちらであるかを解明することだ。これが実験目的である。

その実験の前に、これら10個体がマークテストに合格することを確認し、鏡像自己認知できることを証明しておく必要がある。ホンソメが鏡像を自分だと認識できたと思われる6日目の夜に麻酔をし、これまでどおり、喉に寄生虫に似た茶色のマークをつけ、もとの水槽に戻した。翌朝になり、ビデオ観察の開始である。茶色マークを喉にしていても、鏡を隠している状態ではどの個体も喉を擦ることはまったくなかった。しかし、鏡を見せると予想どおり、10個体すべてが喉を頻繁に擦った。まずは一安心。

この結果が他の動物でのテストなら、研究者は大騒ぎをしているところだが、このホンソメでのマークテストでは、全個体が合格することは、いわば本実験の前提の確認であり、嬉しいけれどもはや当然であり、さほど大きな喜びはない。ともかくこれで、ホンソメのマークテストの合格個体は合計27／28で合格率は96・4％、ホンソメではほぼ全個体が合

図6-4　自己顔他人体と他人顔自己体の合成写真の作成イメージ

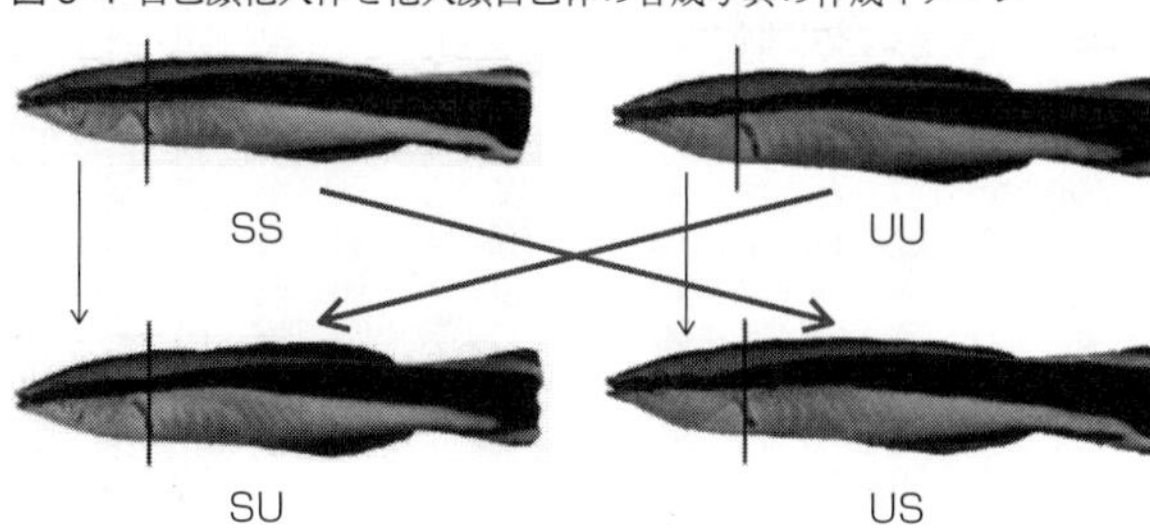

格している。

テストをパスした10個体を使っていよいよ本実験、自己顔提示実験の開始である。自分の全身写真（SS＝Self-face and Self-body）、未知個体の全身写真（UU＝Unknown face and Unknown body）、自己顔と他人体（SU＝Self-face and Unknown body）の合成写真、他人顔と自己体（US＝Unknown face and Self-body）の合成写真の4つの写真のモデルを作った（図6-4）。この4つのモデルをランダムな順番で各個体に提示するのだ。1回に写真1枚を5分間提示し、次の写真の提示は写真への慣れを防ぐために2日後である。その結果は図6-3の中の「鏡像自己認知した後」に示している。

鏡を見せる前は、自分の全身写真（SS）は知らない他人と見なし、激しく攻撃していたが、鏡像自己認知した後では、ほとんど攻撃しなくなった。これに対して、未知個体の全身写真（UU）には、鏡像自己認知の後でも激しく攻撃している。未知個体への攻撃の強さは、鏡像自己認知前の場合と有意差はない。ということは、鏡像自己認知の後に実験対象魚の攻撃性が減少したわけではない。この間、ホンソメが見た同種個体は、自分の鏡像だけである。間違いなく、この10匹のホンソメは自分の写真と認識したから攻撃しないのである。さすがにこの結果は嬉しかった。

しかも、未知個体との攻撃頻度の差がとても大きいのである。自己写真にはほとんど攻撃しておらず、数少ない攻撃も提示したはじめにだけ起こり、5分の提示の中ごろ以降はまったく攻撃していない。これに対し、未知個体の写真にはこれまでどおり、提示時間の最後まで攻撃している。これは、自分の写真は自分だと認識するのに少し時間がかかるのに対し、未知個体は最後まで未知個体と認識しているのだと考えると、納得がいく。この実験中、ホンソメは自分の鏡像以外には同種個体を見ていない。このため「自己写真は自分であるとわかっている」と考える以外、ホンソメが自己写真を攻撃しないことの説明がつかない。鏡像自己認知できた動物が、自分の写真を自分だと認識したことが世界ではじめて確認できたのだ。

この実験で同時に大事なことは、鏡像自己認知の前後で、自己写真も他者写真も動きは一切ないことである。このことは、動きではなく写真の視覚情報そのものだけで、攻撃するかしないかを判断していることを示している。動きの同調性や随伴性は関係ない。つまり、ホンソメが鏡像自己認知をするとき、外見的自己意識仮説ではなく、内面的自己意識により行っていることが証明されたのだ。

†顔情報で識別している！

いよいよこの実験の一番の狙いである、顔情報だけで識別しているのかどうかを見てみよう（図6-3）。合成写真に対する攻撃では、「自己顔＋他人体（SU）」の合成写真に対しては自分の写真と同様に僅かしか攻撃していない。実はこの攻撃も、写真を提示した最初の1分以内だけに起こっているのだ。これに対し、「他人顔＋自己体（US）」の合成写真には、ほぼ未知個体の写真と変わらない激しい攻撃がなされている。ここでも5分の提示時間全体にわたり攻撃が起こっている。

これらのことは、ホンソメが、写真の顔だけで自己あるいは他者かの判断をしていることを物語っている。やはりホンソメも、他個体が誰かを判断するときも、そして鏡の中の自分自分を識別するときも、その識別基準は視覚で捉えた「顔」だったのだ。実験は大成功である！　ヒト以外の動物が、自分の顔を認識したことが世界ではじめて示された。図

6-1／口絵6で見たような、ソバカス模様のある顔をホンソメが鏡で見て、「これが私の顔だ」と認識したのだ。歴史的成果が得られた瞬間である！

ただ、この実験では、ホンソメが自己顔の写真を仲良しの仲間（例えば親愛なる隣人）と見なしている可能性も理屈としては残る。そんな可能性はほぼ考えられないが、論理的には否定できない。念には念を入れておこう。投稿したとき、あのギャラップ先生から、またお小言を受けるかもしれない。

自己顔を親しい隣人とは思っていないことを示すために、①自己顔、②親しい隣人顔の写真を用意し、第三者の個体の同じ胴体の写真に貼り付けて合成写真を作り、ホンソメの反応を比較した。ホンソメは相手を認識するときに顔しか見ていないから、顔だけ入れ替えた写真を使った実験で大丈夫なのだ。ここで大事なのは、自分と親しい隣人への反応とが違うかどうかである。もし、区別ができているなら、反応に違いが出るはずである。その結果、ホンソメは自己顔の写真にはほとんど攻撃せず、親しいとはいえ他人である隣人顔の写真には少しではあるが、有意差のある攻撃頻度を示したのだ（図6-2）。この違いから、ホンソメは自己顔と親しい隣人とを、区別をしているといえる。

隣人への攻撃は明らかに他人への攻撃よりも少ないが、ともに実験の5分間の最後まで攻撃をしている。これに対し、自己顔のモデルへは最初の20秒以内に70％の攻撃が集中し、残りも1分以内に起こり、その後はまったく攻撃していない。隣人へは寛容さが増してはいるが、完全に攻撃をしないわけではないのだ。親しくなったって、いつ自分の縄張りに侵入してくるかもわからず、基本的には危険がある。この危険の度合いは、未知の他人はもっとも強いため、攻撃は激しい。これに対し自分であれば、我々ならそんな心配は一切ない。おそらくホンソメも同じように捉えている。この結果は、ホンソメは自己顔写真を「変な隣人」とも捉えていないこと、つまり自分の顔と認識していることを示している。

†鏡像自己認知のプロセス

おそらくホンソメは、鏡像が自分かを調べている随伴性の確認行動の過程で「これは私だ。私はこんな顔をしているのか」と気づき、自己顔の心象を形成したのだ、と私は思っている（実はこころの中の一人言はinner speechなどと呼ばれ、軽々しく動物では使ってはいけない。言葉ではないが、彼らがこれに近いことをイメージし画像的・映像的な把握をしていると、私は考えている）。つまり、鏡像を見て、ヒトのように自己顔の心象、顔心象を形成したと考えられる。そして、ホンソメが動きのない自己顔の写真を自分であると認識できたことから、ホンソメが自己顔の心象に基づき鏡像自己認知をしていることは、もはや決定的である。そして、ここまでくれば、さすがのギャラップ先生もホンソメの鏡像自己認知そのものは、認めざるを得ないだろう。

今回の結果は、写真の相手は当然いずれも動きがなく、ホンソメは動きの随伴性で自己認識したのではない。つまり、「随伴性認識(外見的自己意識)仮説」ではないこと、かつ「自己顔心象認識仮説」が正しいことが、動物ではじめて示されたことが大事な点である。このことから、魚類も自己顔の心象を持つことができ、ヒトのように内面的自己意識や自己概念を持っている、と結論することができる。この誰も予想しなかった発見は、動物ではじめてであり、その影響の大きさを考えると、かなり重要な発見といえる。当然ながら、研究チームは大いに盛り上がり、研究室での乾杯が続いたし、なかには高級焼肉店での祝杯もあった。

ギャラップ教授は、自己の心象に基づいてなされる鏡像自己認知こそが、その動物の自己意識を示すとし、それは、ヒトの内面的自己意識と似ていると考えている。鏡像自己認知ができる動物には、類人猿、アジアゾウ、ハンドウイルカ、カササギなどがあるが、いずれもホンソメと同様に、自分かどうかを確かめるあの不自然な確認行動が共通して見られる。このとき、自分かどうかを確かめているのだと思われる。この過程で目の前の鏡に映る鏡像と自分の随伴性を確信し、このとき、外見的自己意識が起こり、それとほぼ同時に個体としての自己顔の心象が形成されるのだと思われる。この随伴性・同調性による外見的自己認識と自己心象による内面的自己認識は、二者択一ではなく、鏡像自己認知の時間の流れの過程で連続して起こっていると考えるべきなのだろう。このことは上記の鏡像自己認知ができるいずれの脊椎動物にも当てはまりそうだ。

†自己意識の起源「自己意識相同仮説」

そもそも、ホンソメにはヒトと同様に「これは自分の体だ」という意識はある。ホンソメの体側に寄生虫様のマークをつけたとき、それを直接見たホンソメは、鏡がなくても体側につけた「寄生虫」を適切に擦り取ろうとした。このことから、ふだんからホンソメは直接見える自分の体側を、当然自分の体と思っている。だからこそ、そこについている寄生虫を擦り取ろうとした。我々も自分の手足にとまって血を吸う蚊を見つければ潰そうと叩く。自分の体であるというホンソメの身体感覚は、我々ヒトとそれほど大きな違いはないだろう。自分の体を直接見て嫌なものがついているという感覚は、脊椎動物ならふつうにある。ゾウやブタだって、お尻近くに痒いところがあれば、そこを木や岩に擦りつけて、上手に掻いている。

このような自己の身体感覚や身体意識が、連綿と続いてきた脊椎動物の進化の途上で途切れることは考えにくい。この身体感覚も魚の段階で既に始まっており、その子孫の陸上脊椎動物にも広く共通しているのだろう。おそらく、身体感覚に関わる「身体地図」の神経回路は基本的に共通だろう。つまり、身体感覚の自己意識（Public Self-awareness）は脊椎動物を通してその起源は同じではないかと思われる。自己顔写真の実験で明らかにされた内面的自己意識（Private Self-awareness）とともに、魚もヒトも自己意識の起源は同じではないか、というのが、私が考えている「自己意識相同仮説」である。

イルカ、ゾウ、カササギで鏡像自己認知が確認されたとき、その能力は、ヒトや類人猿とは別に、それぞれの社会性の発達に応じて独自に進化したと、著者たちは見なした。これに、私は賛成しないことはすでに書いたが、その理由はこの自己意識相同仮説にある。この仮説でいけば、むしろ脊椎動物の自己意識は魚の段階で進化し、様々な陸上脊椎動物をはじめ、ヒトまでもが、大筋ではそれを引き継いでいると考えられる。ここでも発想は従来と真逆であるし、それこそ、ガリレオの試練がしばらく続くことは承知している。

おそらく自己意識相同仮説は、誰も考えていない仮説であるし、欧米の霊長類学者や心理学者が聞けば、あきれ返るはずの仮説である。しかし、第一章の脊椎動物の脳の進化の話を思い出していただきたい。魚類の進化段階ですでに、脳の基本的仕組みや、各種感覚器官と連絡する脳神経は出来上がっている。この脳神経科学の成果と照らしてみると、「顔認識相同仮説」（第二章3節参照）とともに、あながち外れていないのではないかと思っている。この自己意識相同仮説も、苦難は承知の上で今後詰めていきたい仮説である。

†ホンソメに「内省的自己意識」はありそうだ

ホンソメが鏡の姿を自分とわかることと、ヒトやチンパンジーが自分とわかる自己認識のプロセスは、どの程度同じと考えてよいのだろうか？

ホンソメが喉のマークを擦る際、鏡を見なくても岩で正確に擦った。このように、自分では直接見えないマークが自分の体のどこについているかを正確に認識していることから考えると、いわば身体的な自己認識は、ヒトとほぼ同じではないかと私は思う。問題は、それ以上のこと、例えばエピソード記憶（いつ、どこで、何が起きたかに関する記憶）で過去を振り返るとき、自己がどこまで出てくるのか、といったことだ。このあたりについては鏡の実験やマークテストだけではわからない。この先は鏡像自己認知実験をさらに改変した実験か、あるいは鏡像自己認知以外の実験により、様々な角度から考察する必要がある。ただ、進化的に考えても、第一章で見たように脳構造や神経回路網の類似性から考えても、自己のあり方は、ヒトと魚でかなり似ているだろうな、と私は思っている。

ホンソメは、喉のマークを擦り落とすために、効率の良い「岩」で擦った。ホンソメが喉のマークを擦ってから、マークそのものを調べる行動（ホンソメが擦った喉を鏡に映してマークを確認する行動）を思い出してほしい。擦り落としたはずの茶色マークは自分では見えないので、取れたかどうかを確認するために、わざわざ鏡に喉を映しているように見える（図4-8、一四〇頁）。もし、ホンソメがそのような意図で喉を鏡に映しているなら、自分の体の寄生虫の有無が視認できないことを自覚していることになり、それならこの状態は、内面的自己意識よりもさらに高次と考えられる「内省的自己意識」（Meta Self-awareness）だといえそうである。

ここまで見てきた「内面的自己意識がある」というのは、「寄生虫がついている（かもしれない）のは自分の体だ」と認識している状態である。その寄生虫を擦り落とそうと意図するとき、内面的自己意識があることを自覚しないといけない。内面的自己意識を自覚し意識するとき、内省的自己意識を持っている状態になる。一般的に、内面的自己意識に基づいて次の行動に移るときは、内面的自己意識を自覚する必要があるため、ヒトも動物も内省的自己意識を持っているといえる。

本章1節で説明したとおり、ヒトの自己意識には、この最も高次と考えられる内省的自己意識があり、外見的自己意識と、内面的自己意識の合わせて3つが知られている。内省的自己意識はヒトにはあるが、その存在が動物できちんと確かめられた研究例は、ほとんどない。

ホンソメでは、外見的自己意識と内面的自己意識はこれまでに確認できた。実験検証はまだできていないのだが、ホンソメには内省的自己意識が、どうもありそうだ。魚の内省的自己意識については第七章でさらに触れることにする。

3　ドゥ・ヴァール教授の前での発表

以上の一連の実験の結果から、ホンソメが鏡像自己認知できること、しかもその過程は我々ヒトと同じように、自己顔を自分と認識することで行われていることが明らかになった。ヒト以外で、鏡像自己認知の過程が明らかになったのは、動物ではホンソメがはじめてである。

†いざ、東京へ

この話を、はじめて公式の場で発表する機会が訪れた。東京大学の岡ノ谷（おかのや）一夫（かずお）教授によって開催された2020年1月のシンポジウムで、ホンソメの鏡像自己認知についての講演依頼をいただいた。発表時間は英語で35分。なんとそのシンポジウムには、あのドゥ・ヴァール教授も招待されており、教授自身も発表するとのことだ。二つ返事で、喜んでのお引き受けである。前述のとおり、ドゥ・ヴァール教授はギャラップ教授と並ぶ、チンパンジーの認知や共感の研究における世界の第一人者であり、同じくホンソメの鏡像自己認知論文に反論を書いた人物だ。彼がその後さらに展開したホンソメの最新の話を聞いてどう思うだろうか。我々のその後の研究成果を直接聞いてもらえる、夢のような機会だ。

ホンソメの自己顔認識を含めた鏡像自己認知実験の一連の結果は、完璧なほど明瞭であり、我々は自信満々である。当日の早朝、共同研究者の当時特任助教の十川俊平さんと新大阪駅で合流し、2人でいざ東京へと新幹線に乗り込んだ。何せあのドゥ・ヴァール教授の前で発表できるのだ。

東大駒場キャンパスの中のシンポジウム会場で、はじめて教授とお会いした。こちらは世界的に超有名な教授の顔を知っているが、向こうは我々を知るはずもない。コーヒーブレイクの休みに、自己紹介をした。はじめて私と会話した教授は、緊張した面持ちに見えた。無難に握手を交わし短く話をした。とても友好的な雰囲気でのやりとりで、互いの緊張感が心地よい。次のセッションが私の発表である。最前列のほぼ中央に座っていた教授の目の前での講演である。

本書第五章と六章の主な内容を喋りまくり、少し時間をオーバーして、私の発表が終わった。その後の休憩で、ドゥ・ヴァール教授はとにかく興奮して「素晴らしい発表だ。この結果なら『Science』にも載るだろう」と、絶賛してくれた。もちろん、彼は魚が自己顔という顔心象で鏡像自己認知するという研究成果が、どんな意義を持つのかわかっている。その瞬間、内心ガッツポーズである。

「よっしゃー！」

†ドジョウで意気投合

シンポジウムが終わった夕方、軽い懇親会が開かれた。私はドゥ・ヴァール教授と同じテーブルに座らせてもらい、2人だけで冷えた美味しいビールを30分近く酌み交わした。もう一度、「素晴らしい結果だ」と、称賛してくれた。この研究は、動物、しかも魚が、ヒトのように鏡像自己認知をしていることを示している、と。こんなに全面的に認めてくれるとは、やや拍子抜け気味ではあったが、とにかく最高のビールだった。

教授はチンパンジー以外にもいろいろな動物の行動研究をしている。前述のようにアジアゾウの鏡像自己認知の研究もしているし、ギャラップ教授より我々に近いといえる。動物の行動に関して多くの興味深い著書を書いており、そこにはサンゴ礁魚の話も出てくる。

お互い2本目のビールを飲んでいるころ、教授は自宅で飼育しているドジョウの仲間のクラウンローチという魚の話を熱く語ってくれた。夜になるとひっくり返って寝るし、仲良しの数匹がいる水槽に新しい個体を入れると、新入りは仲間外れにされるという。クラウンローチが寝ているところを、自分で撮られたスマホの写真まで見せてくれた。教授は、魚の認知についても興味を持っておられるようだ。これからのお付き合いが楽しみだ。

ドゥ・ヴァール教授はホンソメの鏡像自己認知を認めてくれた。最初の論文に対して、真面目に反論論文を書いた人が、である。

日帰りの新幹線の中でも十川さんと2人で、再度缶ビールで乾杯である。ほんとうに発表に来てよかった。帰りの車内で2人が盛り上がったのは言うまでもない。反対派の世界代表の2人のうちの1人はこちらの陣営に取り込んだ。残すはあの先生だけだ。2020年の1月11日。コロナ禍が猛威を振るう直前のことである。

†対決は続く

本章では、鏡像自己認知がどのように起こるのかについて見てきた。類人猿まででしかできないとギャラップ先生は言うが、鏡像自己認知が多くの動物で確認できない一番の理由は、第五章3節で見たようにマークテストの難しさやマークの色の持つ問題にある。賢いのがヒトや類人猿だけだからでは決してない。ではこれらを改善すれば、どのような動物で見られるだろうか。

自己意識相同仮説からの予想では、硬骨魚類とその子孫である陸上脊椎動物が視覚を用いた個体認識をしている場合、①メンバー構成が安定した社会に暮らし、②顔心象に基づき親しい複数個体を識別できる「真の個体識別」ができていれば、内面的自己意識が予想され、鏡像自己認知ができる。言い換えれば、視覚に基づき、野外の生息地で安定した縄張り関係や順位関係にある動物であればほぼできる、と私は考えている。そうすると、かなり多くの脊椎動物ができることになってしまう。これまでの常識とはまったく異なる予想であるが、どちらが正しいかは検証ができる。これから10年ほどでその決着がつくだろう。

ホンソメは確かに高度な認知能力を持っている。しかし、魚類ではじめて鏡像自己認知が見つかったのがホンソメである理由は、彼らの賢さゆえではない。寄生虫に似せたマークを気にする性質のためである。この性質が利用できたのでマークテストの困難さが克服できたのだ。多くの社会性の魚類でも困難さを乗り越えられれば、鏡像自己認知は示せるだろう。ましてや多くの哺乳類も、である。ここまでくると、ギャラップ先生との対決はしばらく続きそうだ。

「先生、チンパンジーだけが賢いんちゃいまっせ！」

第七章

魚類の鏡像自己認知からの今後の展望

魚の鏡像自己認知の研究成果は、これまでの認知科学や動物心理学、動物行動学の常識を超えている。しかし、これらの成果をうまく展開させれば、様々な動物の知性や認知に関する研究をさらに発展させることに繋がる。それらは、動物行動学や認知科学のいくつかの面で、今後パラダイムシフトを起こすのではないかと思っている。

この最終章では、魚類の鏡像自己認知研究から出てきたアイデアを、さらに広げ展開してみたい。この発見からこれまでの価値観を振り返ると同時に、将来の展開に繋がりそうな話題を取り上げてみたい。この本はいわゆる教科書ではないので、ある程度の脱線をご容赦いただきたい。

1　魚の内省的自己意識を巡って

†ヒトと魚の顔認識と自己意識

我々は、ヒトや哺乳類だけではなく、魚類も顔認識を通して相手個体を認識・識別していることを発見した。さらに、魚もヒトのように、顔を特別なものとして認識し全体処理することで、素早くかつ正確に顔認識を行っていることを示してきた。ヒトも魚もともに相手個体の「顔心象」を持ち、無自覚にそれと照らし合わせて「誰々さん」と認識しているのである。

さらに大事な点は、この顔認識の神経基盤である顔神経系が、どうやら魚からヒトまで共通していそうなことである。これは本書（第二章3節）ではじめて提案された仮説である。私は突拍子もないとは思っていないが、一般にはそう受けとられるだろう。

そして、ホンソメもヒトのように、鏡像の自分の顔を自分の顔心象と照らし合わせて鏡像自己認知することがわかった。ホンソメの鏡像自己認知の本質はヒトの場合と似ており、おそらくこの能力にも「相同性」（自己意識相同仮説）があるだろう。

この鏡像自己認知の過程は、ヒトと魚ともに相手個体の顔心象と照らした他者認知の過程と似ている。顔心象と照らし合わせる他者認知の様式を、ヒトも魚も自己鏡像の認識に援用していると考えることができる。

ヒトが顔認識によって「顔見知りの誰々さん」を判別するとき、ほぼ同時にその人の情報や名前が続いて出てくる。しかし、人と出会い、顔見知りのその人の顔と人となりはわかっていても、名前が出てこなくて困った、という経験はほとんどの人にあるだろう。私はほんとうによくある。例えば、20年ぶりの高校の同窓会で同学年のA君の顔を見て、心の中で「あいつ知ってる！　あいつテニス部やった。笑い方も声も昔と何にも変わらんなあ。で名前は？　うーん誰やったかな……」という具合だ。おそらく、顔心象と過去の出来事と名前は別々に、異なる方法で記憶されていると思われる。でも、顔とその人の関連事項が記憶されている脳内の場所の距離は、名前より近いような気がする。

顔心象は人の個人的な経験で得られる記憶から形成される。特に訓練なしでも誰にでもでき、一旦形成されるとなかなか消えないのが特徴である。その意味で、顔心象は、ハサミの使い方や自転車の乗り方のような、一旦覚えると安定的に記憶される「手続き記憶」（動作記憶）と似ているのかもしれない。一方で、その人となりは、体験したことや経験の記憶である「陳述記憶」であり、なかなか出てこない名前は、意図的な学習が必要な「意味記憶」に近いのかもしれない。顔については記憶のための鋳型システムがおそらく生得的に存在しているが、名前は学習し知識として覚えている。そして、人物の名前の記憶が脳の中で顔心象と分離して保存されているか、直接連絡がないので、こんなことが起こるのだろう。

この他者認識での意識の流れは、魚ではどうだろう。まず、顔心象で顔見知りの相手を特定したときの意識はどうだろう？　おそらく相手の特定に引き続き、妻だとか、あのお隣さんなどと相手のことが「わかる」のだろう。顔と結びついた特定の個体の記憶に関する心象が顔心象と密接に保持され、ほぼ同時に認識されるのだと思われる。ヒトの場合、先ほどの同級生の例でいえば、テニス部員であったことや笑い方に相当する。おそらく、それらのことは、言葉で記憶しているのではない。魚にも「陳述記憶」があるのかもしれないし、多分あるだろう。陳述記憶の一つに「エピソード記憶」がある。鳥類のカケスのエピソード記憶（42頁参照）の例は、言葉がなくても陳述記憶はできることを示している。

知らない個体なら攻撃し、妻やお隣さんなら寛容であるという反応は、顔の識別と個体の認識に伴い起こるのであって、決して単なる反射ではないはずだ。第一章で述べたが、ヒトの大脳新皮質と相同な領域は、鳥類にも魚類にもあって機能しているし、社会行動の意思決定の神経回路網は魚も鳥も哺乳類も互いに非常によく似ている（図1-4、三二頁）。魚も高度な意識を持ち、物事を判断して行動していると考えるほうが自然だと思われる。

一方、自己顔を見て鏡像が自分だとわかった後は、意識はどう働いているだろうか。ヒトはまず自分の顔心象で自己認識をするが、顔心象の働きはここまでだろう。朝、洗面台で自分の顔を確認するとき、顔のニキビが大きいとか、伸びた髭を剃るか剃らないかを考えるのは、明らかに顔心象から離れた脳の別の場所の働きである。ただし、髭を剃ろうと決めるとき、自分の髭が伸びたと認識していることを自覚してはじめて、次の行動に移ることができる。このとき、ヒトは内省的自己意識を持っているといえる。

ホンソメの場合も、鏡を見慣れた個体は、鏡の自己顔を見て自分だと認識する段階では顔心象が働いているはずだ。その後、例えば自分の喉に寄生虫がついているのに気づき、どうしよう、どこで擦ろうと「考えはじめる」のだ。そこは別の神経領域の担当だろう。このときも、寄生虫がついていると認識していることを自覚してはじめて、擦り落とそうと自発的な行動に移ることができる。このとき、ホンソメはヒトと同様に、内省的自己意識を持つと考えることができる。

第六章1節で述べたように、ヒトの自己意識は、①外見的自己意識（Public Self-awareness）、②内面的自己意識（Private Self-awareness）、③内省的自己意識（Meta Self-awareness）の3つに分けられている。この順で、より自己知覚的な自己意識から、自己概念的な自己意識へと移っていく。自分が、内的自己意識を持つことを自覚している状態が内省的自己意識である。この自覚がないと、顔の髭を剃ったり自分の喉の寄生虫を擦ったりという次の行動への移行はできない。ホンソメが鏡を見て、はじめて喉をわざわざ鏡から離れた石で擦っていることや、擦った喉を鏡で確認することは、内省的自己意識の存在を示唆している。

この内省的自己意識を、次の項では社会関係を対象に検討していこう。

†ヒトと魚の社会関係と自己意識

これまで、他者認識や自己認識、社会関係の認識にまで踏み込んで、ヒトと動物が比較されたことはない。ヒトは顔心象で相手を識別し、個体間の社会関係、他個体と自分との社会関係も把握し生活している。この社会関係の認識は、ホンソメも似ているのだ。

わかりやすくイラストを用いて説明したい（図7-1）。この図では、中央の私は知り合い5名を個別に識別し、その人間関係も把握している（例えば、AとBは仲が悪く、CとDは仲が良い）。同時に相手と自分の関係も把握している（例えば、俺はAとCが嫌いで、多分彼らも俺が嫌いだ。俺はB、D、Eは好きで、彼らも俺のことをよく思っている）。

ホンソメも、ハレム内の自分がよく知る相手個体は、ヒトと同様に顔心象で認識し、個々の個体を個別に認識している。中央にいる「私」は、親しい5個体を個別に識別している。ホンソメも、その関係性のネットワークの中に、自分という存在を入れて、第三者

図 7-1　ヒトとホンソメの社会関係

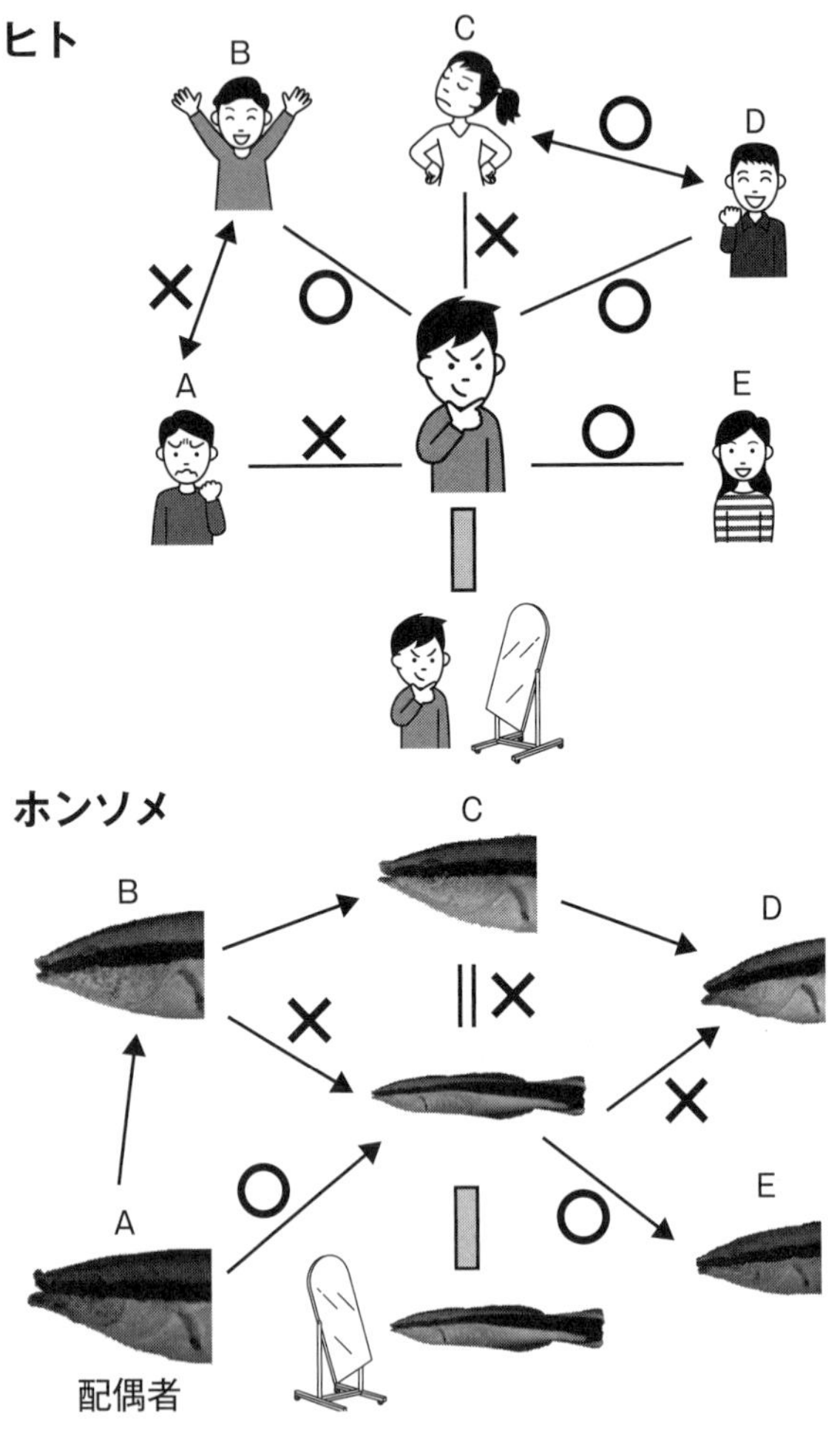

的に捉えているのではないだろうか。

野外のホンソメでは、ハレムの最大個体はハレムの雄であり、残りの雌の間には体の大きさ順の優劣関係があり、同じサイズの個体は縄張り関係となる。図の中央の私は、これらの他個体の社会関係（他個体の順位関係はAが最優位のA＞B＞C＞D＞E）や、自分と他個体との関係（B＞C＝私＞D）もきちんと認識できている。野外のホンソメを見ていると中央の私は、自分より優位なBと出会うとすぐにヘコヘコし、劣位なDに対しては威張るのが見られる。見た途端に個々の相手を識別し、個々の性質と自分との社会関係を把握しており、それに応じて振る舞いを素早く変えるのだ。

ホンソメが、この順位関係を論理的に考えて推測する能力である「推移的推察」を持つことを我々はすでに確認している。例えば、図でBは私より強いが、私はDより強い。そうすると、B＞私、かつ私＞Dであるから、B＞DであるとBとDの社会関係を直接見なくても推測できるのだ。ここでは、BとDの関係を第三者として捉えている自己が存在している。このような内面的自己意識に基づく認知能力は霊長類ではいくつも見られており、もはやヒトやチンパンジーの社会関係の把握能力と基本的には変わらないかもしれない。

ここまでで述べたいことは、ヒトもホンソメも自分を含めた識別個体との社会関係を認識していること、その際同じように、鏡像自己認知や写真自己認知はしていない（鏡も写真も海にはない）が、内面的自己意識を持つ、ということである。そのような「私」が、はじめて鏡を見たとき、はじめは未知の他個体と勘違いし、そのうちあれこれ不自然な行動をして自分であることを確かめ、ある時点で鏡像が自分であることに気づくのである。鏡の自己を認識したときにはじめて自己意識が生まれるのでは決してない。ヒトもホンソメも、鏡を見る前から社会関係の網の目という社会の中での自己が捉えられており、外見的自己意識だけではなく、繰り返すが、すでに内面的自己意識も持っているのだ。

ホンソメにも個別の他個体の性格や相手との思い出などがあれば（きっとある。だからこそ特定の相手との順位などの関係が瞬時にわかる）、それは顔心象とは別の陳述記憶として存在している。おそらくそれも個人の事柄に関する心象であり、このあたりの他者の内面性のイメージ（心象）をどのように持っているのか、脳の中の心象と心象の関係のあり方を明らかにしていくことは次の課題になることは確かである。

最後に、社会関係の例からホンソメの内省的自己意識（Meta Self-awareness）について考えてみたい。ここまで見てきたように、ヒトとホンソメはともに、内面的自己意識を持ち、自己を含めた社会関係を認識している。このとき、自分と相手との関係について、何がわかっているのかがわかっていないと、正しい振る舞いをすることはできない。ヒトの「私」なら、図のAとCには気を遣って接するし、B・D・Eには、親しい仲間として心穏やかに接する。

ホンソメの場合はどうだろう。ホンソメの「私」はBにはヘコヘコ、Dには偉そうにと態度を変える。坂井陽一さんによると、その社会関係は個体の消失や移入により頻繁に変動するが、それでも変動に応じた認識が速やかにとれる。このような変動の多い状況でも、魚も自分が相手を、相手も自分をどう思っているのかを認識していることの自覚があるからこそ、相手に応じたふさわしい臨機応変な対応をとることができると考えられる。このように、ホンソメでも、個別に識別した個体との社会生活に内省的自己意識が育まれる素地が十分ありそうに思われる。むしろ、内省的自己意識なしには、彼らはあのような柔軟な社会生活を送れないと思われる。

†魚にこころ(内省的自己意識)はあるか?

大事な点なので、魚に内省的自己意識がある、という仮説をもう少し検討してみたい。「内省的自己意識」の英訳には、Meta Self-awareness が当てられる。その定義は難しいが、より多くの研究者が合意している定義を参考にするのがよいだろう。一般的には、ある動物が①鏡像自己認知、②心の理論（意図的だましが含まれる）、そして、③メタ認知（自分の認識状態を認識できること。例えば、電話をかけようとして、番号がわからないことに気づき、調べるような場合）の3つができれば、その動物は内省的自己意識を持っているとする考えが有力だ。この内省的自己意識を持つということは、さらに深い「こころ」を持つことを意味する。

ホンソメは鏡像自己認知ができる。しかも、自分の顔というイメージ（顔心象）の形成を伴う認知である。条件①はクリアーしている。

ホンソメに条件②の意図的だましができることは、ブシャリー教授が複数の論文で報告している。意図的だましとは、いわば狼少年の嘘である。狼少年は、相手が騙されて大騒ぎするのを予想して「狼が来た」と嘘をつく。これは、騙す相手の心を読んで行うのであり、心の理論があることになる。実は、ホンソメもそんな嘘がつけるのだ。

掃除魚のホンソメは決まった掃除場所を持っていて、お客の魚がその掃除場所にやってくる。サンゴ礁では、小さな客が掃除されているところに、大きな魚が訪れてお店の様子を見ていることがある。ここでホンソメは、上手なところを見せようと意図して振る舞うのだ。次の大きな客が見ているからだ。上手かつ丁寧な掃除屋のふりをすれば、その大きな魚は次の客になってくれるとわかっているのだ。しかし、次の客が誰もいないと、丁寧な掃除はしない。つまり、ホンソメは自分がどう見られているのかを意識し、次の客を騙しているのである。このことは、室内実験でも検証されている。

条件③のメタ認知はどうか。第四章で見たように、ホンソメは鏡で喉の寄生虫を見たあと喉を擦り、さらに擦ったあと取れたかどうかを確認するかのように、擦ったあとの喉を鏡に映して見ている。ホンソメは、鏡に映さないと、寄生虫が取れたかどうかが自分でわからないことを、わかっているようである。もし、そうだとすると、ホンソメはメタ認知ができるのかもしれない。残念ながら、ホンソメのメタ認知についてのしっかりした研究はまだである。現在、院生の小林大雅(こばやしたいが)さんが取り組んでいる。

もし、ホンソメにメタ認知ができるとなると、ホンソメは内省的自己意識の3つの条件を満たしていることになり、ヒトや類人猿のレベルでの内省的自己意識を持っていること、つまり、立派な「こころ」を持っていることになる。魚がこころを持っているなどとは、10年前ではまったく、今でも多くの人には受け入れられないと思われる。今でも「魚が自己意識を持つ」と述べている研究者は、世界中でいない。データがないのと、考えが常識外れだからだ。しかし、これまで見てきたように、実験結果を客観的に読み解いていくと、「魚は自分を振り返ることができる」といえそうだ。

「ホンソメには内省的自己意識がある」あるいは「魚にもこころがある」との仮説は、今後検証していくべき大きな課題として位置づけてよいように思われる。おそらく様々な検証対象、検証項目、検証方法があると思う。私は、これから次々と検証例が出され、この仮説が支持されていくだろうと思っている。

†魚に内省的自己意識があることの意味

デカルトは、人には知性があり自分を振り返ることができる、だから心があると考えた。一方で、動物には知性はあっても自分を見つめることはなく、こころがなく機械的に動くだけだとした。この考えが西洋近世哲学に引き継がれ、現在の世界の主流となる人間観・動物観ができた。それが、１９７０年にチンパンジーに鏡像自己認知できることが見つかり、その50年後に魚にもでき、さらに写真自己認知もできることが見つかったのだ。これにより、脊椎動物に意識があり、どうやら広く動物にも内省的自己意識がありそうなこともわかってきた。面白くなるのは、これからである。

動物にも内省的自己意識があるとなると、人を肉体と神秘的な霊魂とに分けて捉える考え方についても、再考を迫ることになりそうだ。死んで肉体は滅んでも、霊魂は存在し続けるという。そうなると死後も存在する霊魂はどうなるのか。霊魂の行き先として、様々な宗教で天国と地獄が用意されている。死後の世界や霊の世界などは、世界の多くの人が信じている。この信仰は死に対する怖れや、死後の不安を解消することともちろん関係している。死後の世界は、自己意識があり霊魂のある人間だけに存在することになる。自己意識やこころのない動物には霊魂もなく、死後の世界もないので、動物は死んでもどこにも行かないはずだ。しかし、人間だけに自己意識があるという考えは間違いで、魚にも、深い自己意識と「こころ」がありそうだ。すると、魚をはじめ多くの脊椎動物にも霊魂があることになり、天国と地獄があることになるはずである。人間だけに霊魂があり、それに伴い人間だけに天国と地獄が存在するという理屈はどうやら無理がある。

今後、魚にも内省的自己意識やこころがあることを具体的かつ詳細に示すことで、より合理的な考え方に貢献できれば、と私は思っている。

†魚の鍵刺激は再考すべき

魚に自己意識があるという仮説に対し、こんな反論も出るだろう。ティンバーゲン教授が70年ほど前に行った、トゲウオの攻撃行動の鍵刺激に関するあの有名な実験がある。今でも高校や大学の生物の教科書に記載されているし、大学入試問題にも出題される「正しい」理論である。トゲウオの攻撃行動は生得的解発機構と呼ばれる神経基盤に基づき、鍵刺激が引き起こす反射的行動の連鎖だと考えられている。

このティンバーゲン教授が実験をしていた1950年ごろ、魚の脳は哺乳類とはまったく異なり、大脳も何もない単純な脳と見なされていた。その当時、教授もそう思っていたに違いない。しかし、第一章で見たように、脊椎動物の脳構造や内部構造は系統間で相同であり、その機能も共通することが多いということがわかってきた。そして、第二章で紹介したように、トゲウオ目のイトヨは顔による個体識別をしていた。また、マンフレッド・ミリンスキー教授らは、恩を受ければそれを返すという、互恵的利他行動をトゲウオで発見している。この発見はトゲウオが動物の中でも高い認知能力を持つことを示している。

トゲウオに個体識別や互恵的利他行動ができるとなると、古典的行動学の鍵刺激の実験の解釈こそが問題ではないかと考えるのが、むしろ自然ではないか。ティンバーゲン教授の行った実験や解釈に不備はないのだろうか。どうも腑に落ちないので、予備的にではあるが調べてみた。変だなと思うとつい調べてしまう。

教授の実験は第一章1節（二〇頁）で述べた。トゲウオは腹を赤く塗っただけの石膏のモデルに対し、雄は猛然と攻撃した。そして、本物そっくりでもお腹が赤くないモデルには攻撃しなかった。これにより、ティンバーゲン教授は「赤い」という鍵刺激によってトゲウオの行動が引き起こされると結論した。問題は、赤い腹のモデルへの攻撃の実態である。実際の同種の個体識別までできるトゲウオが、単なる石膏の塊を同種の雄だと思っているはずがないだろう。

トゲウオは枯れ草や藻を使って水底に巣を作り、そこに産卵をする。巣作りができる水槽でしばらく雄を飼育していると、水槽は彼の縄張りになる。まだ予備実験の段階ではあるが、ざっと説明しよう。

下半分を赤く塗った石膏のモデルを作り、巣を構えている雄のいる水槽に入れてみた。驚いたことに雄はまったく反応しないのだ。ティンバーゲン教授の鍵刺激の結果とはぜんぜん違う。その後、その水槽にお腹の赤い本物の雄を入れると、今度は猛然と攻撃するし、なかなか止まらない。しばらくして入れた雄を取り上げるが、まだまだ雄の興奮は冷めやらない。その興奮状態のうちに、先ほどのお腹の赤い石膏モデルを入れると、今度は俄然攻撃した。ひょっとすると、教授の実験は、興奮状態の雄でなされたのかもしれない。

別の例もある。とあるYouTubeの映像だが、雄のトゲウオに産卵間近のお腹の大きな雌を見せると、張り切って求愛している。その雄に、続けてピンポン球のような白い玉を見せると、これにも激しく求愛するのだ。ティンバーゲン教授は雌の膨れたお腹を強調したこの銀白色の球が、鍵刺激となり求愛行動を引き起こすと考えた。しかし、我々が雌を見せていない発情雄に、白い球を見せても何の反応もしなかったのである。

こうなると、トゲウオの例が魚一般に適用できるのかという問題になりそうだ。私の長年の経験からいうと、タンガニイカ湖のシクリッド魚類やサンゴ礁魚類が、実際の同種の魚にはほど遠いモデル――例えば、対象魚種の婚姻色を強調した石膏のかたまりや単純な雌モデル――に、攻撃や求愛をするとはとても思えない。タンガニイカ湖のような種多様性が高く、多くの捕食者が常に狙っている生息地で、闘争や求愛にこれほどまで盲目的に没頭するのは極めて危険である。彼らはもっと用心深く、こんな馬鹿なことはしない。

トゲウオのすむ冷水域は捕食圧が低いのかもしれないし、硬い棘で防御された彼らはとくに捕食されにくいのだろう。このような環境では、トゲウオの雄のように、頭に血が上りやすく性的に興奮しやすい性質が、繁殖成功を高める上で有利となる可能性はあり、その場合、これらの性質は自然淘汰で進化する。むしろ、トゲウオのすぐに激しく興奮するという行動習性こそが「異例」なのかもしれない。そんな精神状態での行動研究からの一般化にはどうも無理がありそうだ。事実、その後、数多い魚類で、雄間攻撃や求愛の鍵刺激とされる研究例はほとんどない。ともあれ、戦後間もない、ビデオもなく、詳しい行動観察ができない時代の研究は、見直しが必要なようだ。

†自己鏡像を理解する能力が進化したのではない

よく受ける質問がある。「魚がどうして自己鏡像を認識できる能力を進化させたのか」との質問である。あるいは、「魚は水面に映る自分の姿を見て、自分の鏡像を覚える能力を身につけたのか」との質問である。いずれも問いかけが間違っている。チンパンジーの鏡像自己認知のことを述べた科学記事には、時々チンパンジーが動物園の床などにできた水面に映る自分の姿や顔を覗き込む写真が、間違って暗示的に載せられている。

行動生態学では、その行動や形質は自然淘汰を受けてきたと考えられることが多いため、このような問いかけが出るのだと思われる。しかし、行動がすべて淘汰圧に直接晒されるわけではない。そもそも我々ヒトの鏡像認知能力自身も、自然淘汰で進化してきたわけではない。ホンソメの場合、むろん生息域に水面はあるが、自分が映る水面を見ることなどまずあり得ない（常に波立ち、空が明るいのだから鏡にならない）。鏡などは進化の歴史で存在しないし、個体の成長の中でも出会わない。

それでも鏡像が自分だとわかるのは、ここまで説明してきた2つの要素があるからだ。1つは、他者認識と同じように自己認識ができることだ。鏡を見せる前から、ホンソメには外見的自己意識、内面的自己意識と、おそらく内省的自己意識もある。このとき（鏡像を実際に見るまで）、自分の顔がわかっていなくても構わないし、実際知らない（図6-3、一九一頁）。2つ目の要素は、他者認識や他者識別をするときに使用する、もともと備わっている顔心象を伴う顔認識能力の存在である。鏡の自己像を見て、まずはその動きの随伴性から自分であると認識し、同時に、鏡の自己顔で自分を認識するのだ。顔心象は、一旦覚えればかなり強力な鋳型になる。繰り返すが、鏡像自己認知ができて、はじめて自己に気づいたのでは決してない。はじめて気づくのは「これが俺か！　俺ってこんな顔をしているのか！」ということだけである。

だから、鏡像自己認知できる動物は、いずれも他者認知ができ、他者の関係を認識できる社会性動物であるはずであり、他者を個体識別できない動物には、鏡像自己認知は難しいと思われる。おそらく、個体認識ができないと思われるイワシやサンマなどは、内面的自己意識があったとしても鏡像自己認知はできないだろう。

ヒトやチンパンジー、ホンソメも、鏡像自己認知できる動物は、よく出会う相手は顔で個体識別をし、それぞれの個体の特質も記憶し把握している。個体間関係も記憶しており、その関係の中の個体に自分も入っている。このときに自己認識をしているのだ。鏡など見る前から内面的自己認識をしているのである。

鏡像自己認知は、どうやら素晴らしく高尚な認知能力ではなく、社会性の脊椎動物にとって基本的な認知能力である可能性が出てきた。この視点は、従来の考え方をまったく逆転させる。

†イカの鏡像自己認知

軟体動物の頭足類のアオリイカが鏡像自己認知できることが、琉球大学の池田譲教授により報告されている。ただし、マークテストに合格していないので、決定的ではない。

今まで見てきたように、脊椎動物では、魚からヒトまで広い範囲で鏡像自己認知が認められるが、認知が起こる過程は共通している。はじめは、鏡像を同種他個体と見なし社会的行動（多くの場合は攻撃行動）をとり、次に自分かどうかを確かめるための不自然な行動を鏡の前で繰り返す。鏡像自己認知のやり方については、魚類とヒトが顔に基づいて認識しているので、おそらく「そのあいだの」他の脊椎動物も、やや強引にいうと顔認識で行っているのだろう。

しかし、頭足類のイカやタコの鏡像の確認の仕方は、脊椎動物の場合とは大きく異なる。アオリイカに同種他個体をガラス越しに見せると、社会的な挨拶行動や攻撃行動をはじめる。これに対し、鏡の自分の姿に対してはスーと近寄り、攻撃行動も不自然な確認行動もせずに、いきなり鏡面の自分の姿を触りはじめるのだ（池田私信、幸田個人観察）。これは脊椎動物とは異なる反応であり、自己指向行動の起こり方はまったく違う。

実は「タコに鏡を見せる」と題されたYouTubeの映像で、水中に置いた鏡に寄って来たマダコの映像が見られる。マダコ（雄個体）も自己鏡像に対しては不自然な行動なしに、いきなり自分が映る鏡面を触りはじめる。しかし、同じ個体に同種の雄が近寄ってくると、体を瞬時に真っ白に変化させ、威嚇の姿勢を見せるのだ。

もし、この2種の、鏡像自己認知がマークテストで確認できれば、そのこと自体も大変な発見であるが、それ以上に大きな内容を含んでいる。イカ・タコには、脊椎動物に共通して見られる、攻撃的社会反応（ステージ1）や確認行動（ステージ2）が一切見られないのだ。逆に、頭足類の例は、魚・鳥・イルカ・ゾウ・ヒトまで多様性がいくら高くても、分類群がいくら離れていても、脊椎動物の鏡像自己認知過程の共通性が高いことを浮き彫りにしている。イカ・タコの例は、脊椎動物の自己認識様式の類似性、統一性あるいは保守性を再認識させる。

第一章で見たように、この保守性は、魚から哺乳類までの脊椎動物の、脳の外部および内部構造が共通している、あるいは高く保存されていることと一致する。逆に、頭足類の反応の違いはその脳が、脊椎動物の脳構造とはまったく異なっていることと対応しているのだろう。

さらに、頭足類の個体認識のやり方はまだわかっていない。脊椎動物が、魚からヒトまでが共通して顔心象を持つ他者認識と自己認識とは対照的に、彼らの認識方法は大きく異なっている可能性もある。脊椎動物門と軟体動物門という大きく異なる動物門内での類似性、動物門間での相違性が明らかになってくれば、より広い視野から脊椎動物の自己意識の問題に迫ることができると期待される。

2 魚のユーリカ研究

†いつ自分だと気づくのか

最後に、現在私が本気で取り組んでいる研究を紹介する。ホンソメが鏡像認知をする際、どのタイミングで自分がわかるのかを調べているのだ。現在進行形であり未完成であるが、これも世界中どこにもない、めちゃくちゃに面白い話である。

脊椎動物の鏡像自己認知では、チンパンジーもホンソメも、さらに多くの動物でも、はじめて自分の姿を鏡で見たときは、知らない他個体だと勘違いをして攻撃する。その後、変だぞと疑いはじめ、不自然な確認行動を繰り返し行って鏡像の随伴性を確かめつつ、考え(あるいは悩んで)、自分であることに気がついていく、という認知の過程を経ている。どの脊椎動物でも、すべてが鏡を見たことのない個体である。

最初は明らかに他の個体と見なし（ステージ1、鏡を見て1〜3日まで）、そしていろいろと確かめていくなかで、どこかの時点で「自分だ」と気づいているのである。それは、おそらく確認行動が始まり終わるまで（ステージ2、鏡を見て4、5日ごろ）のことである。それ以降の、鏡を覗き込む段階がステージ3である（図4-6、一三二頁）。この覗き込みは、自己指向行動と考えられ、自己鏡像が自分だと認識できたと考えられる時期である。

確かめるといっても、その内容は自分自身の姿や自己の顔である。鏡像を自分だと認識するというのは、ホンソメにとってはさすがに難しい問題だろう。なにせそれまで見たこともない存在であるし、未体験の出来事である。

†2つの可能性

ホンソメが自分だと気づく過程は、大きく2つの可能性が考えられる。1つは不自然な確認行動を始めてから、時間の経過に従い、右肩上がりに次第にわかっていき、最後に100%自分だとわかるという可能性である。もう1つは、何度も確認行動を繰り返している中で、ある時点で「あっそうか、俺か！」と一気に気づく可能性である（図7-2）。

前者の場合は、頭の中で鏡像をどのように認識し理解しているのだろうか？　最初は得体の知れない不可解な存在である。そのうち20％わかった、60％わかった、80％わかった状態というのが、私には想像できない。とはいえ、相手は魚なのだから未知の能力があるのかもしれない。

ただ私は、自分自身の経験やこれまで魚を見てきた経験からして、ホンソメは、ある時点で一気にわかるだろうと、はっきりした根拠はなしに考えていた。

ヒトには、「ひらめいた」という言葉が当てはまる瞬間がある。まったく未知の物事を深く長く考えて、その「答え」に気づいた瞬間、「わかった！」とか「そうか！」という肯定的な高揚感を伴う心的状態になる瞬間（＝Eureka moment）である。例え話として有名なのはアルキメデスの逸話だろう。彼が風呂に浸かっていてアルキメデスの原理に気づいたとき、「ユーリカ！　ユーリカ！（Eureka!＝わかったぞ！）」と2回叫び、嬉しさのあまり風呂を飛び出して外を走り回り叫び続けたという話である。アインシュタインが相対性理論を発見したときの逸話もある。それまで何年も考え続けていて、あるときパッとこの大理論がひらめいた。その瞬間、激しい興奮のあまり、彼の頭の中でパチッと弾けるような音が聞こえたという。これは創作ではなくアインシュタイン本人の言葉である。

そこまで行かなくても、数学の問題を解いていて（個人的には幾何などの図形問題が良いと思うが)、解き方がひらめいたとき、「あっそうか!」という経験をした人は多いのではないか。このような、考え続けるなかであるとき訪れる「あっそうか!」という気づきは、ヒトには結構あると思われる。高揚感のあまり裸で外に飛び出してしまう最高レベルのものから日常的なものまで程度の差はあれ、些細なものも含めればかなりの頻度であるだろう。ひょっとするとヒトが新しいものに気づき理解するというのは、このような「あっそうか!」という形で、普段からしていることなのかもしれない。

†魚が「ひらめく」とき

さて、ホンソメの鏡像自己認知におけるステージ2は、確認行動を通して、鏡像の姿が何であるのかを探っている、あれこれ「考えている」という状態だと思われる。「魚が考える」などという言葉を口にすると、場所によっては袋叩きに遭いそうだ。まだこの本でしか使えない。とにかく、もしホンソメが考えているとすると、我々と同じような「わかった!」という、ひらめきの瞬間があるのではないか。逆に「わかった!」という瞬間が見つかれば、それはホンソメが考えていたことを示すことになる。「あっそうか!」は程度の差はあれユーリカである。しかし、動物でのユーリカに関する研究、いわばユーリカ

図7-2 2つの仮説

ユーリカ仮説

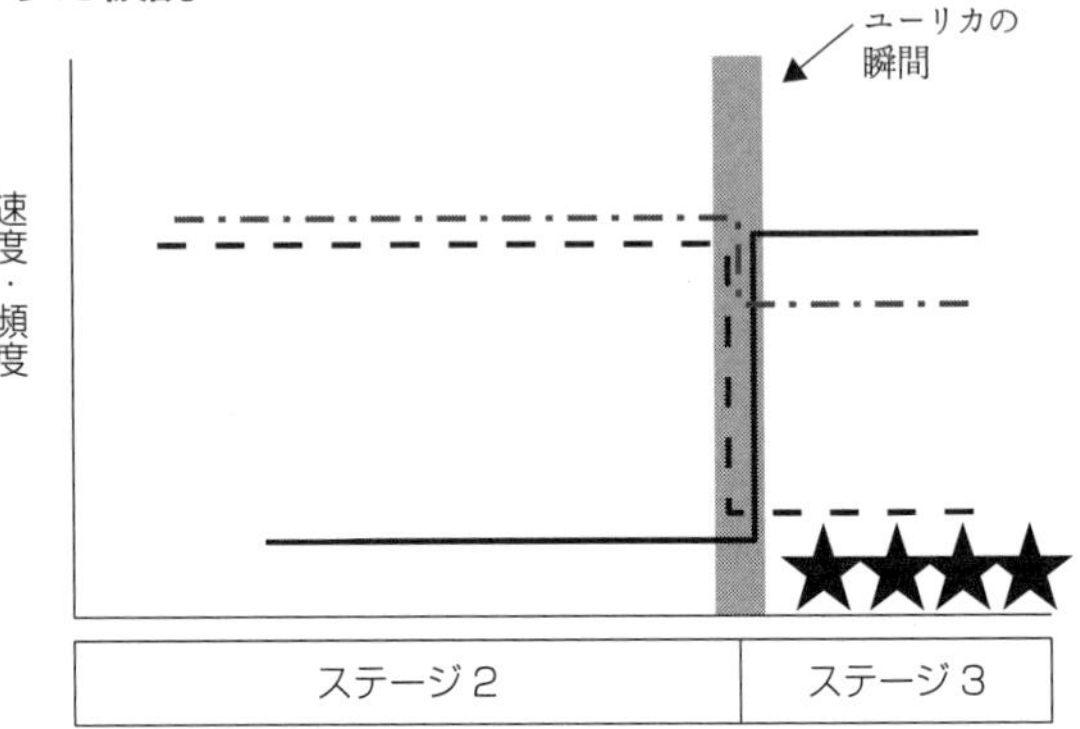

学習仮説

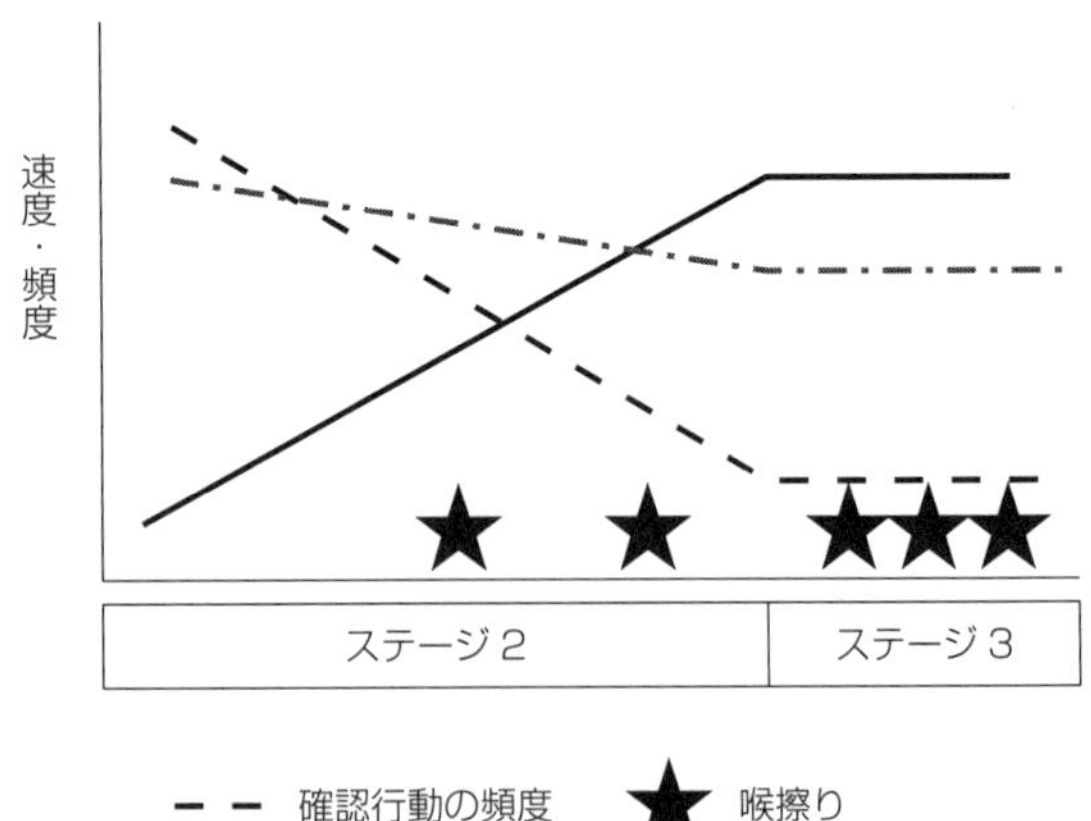

確認行動の頻度　喉擦り
遊泳速度　摂餌頻度

研究は、事実上まったくない。

ホンソメの個体にとって、鏡像自己認知という課題ははじめての難問である。その答えを誰かに教えてもらうのではなく、自分で確かめ、自分で気づき、そして発見するのであり、これはユーリカが生じる条件を満たしている。ホンソメがサンゴ礁で他の魚を掃除していて、「あっ、寄生虫を見つけた（発見した）」というのとはレベルがまったく違う（ホンソメは餌の寄生虫を見つけたとき、そのように意識していると、私は思っている）。鏡像が自分であることを発見するのは、相当大きな「わかった！」だと思われる。もし、その「わかった！」瞬間があるというユーリカ仮説が正しいならば、例えば以下のことが、鏡像自己認知のステージ2と3において、典型的な観察結果として期待される（図7-2）。

①「わかった」瞬間に、特有の仕草や鏡像に対する特別な反応が行動として見られる。
（「ユーリカ！」という叫びや表情に相当する何か）

この「わかった」瞬間を境に、

②それまでの鏡像の確認行動が、その瞬間の直後から出なくなる。
（自分だとわかったので、もう確認する必要がないと本人が認識しているから）
③喉に寄生虫の印があれば、その瞬間から擦るようになる。
（このときに自分と気づき、はじめて自分に寄生虫がついているとわかったから）

観察結果が、これら①〜③のとおりであれば、その瞬間に自分だと気づき、わかったことを示すことになる。これに対して、もし、徐々に自分がわかっていく（学習仮説）のなら、①はなく、②はステージ2の間で徐々に下がり、③は徐々に現れてくるはずである。

不安が解消されるはず

これらの他にも行動が変わる可能性はある。シクリッドの一種に鏡を見せ、しばらくしてから扁桃体の働きを調べた研究がある。扁桃体は不安や恐怖の情動を担う場所である。この研究から、自分とまったく同じ動きをする鏡像に対しては、実物を見たときよりも怖がっていたことがわかったのだ。つまり、自分と同じ動きをする得体の知れない鏡像が何かがわかるまでは、魚はかなり不安なようなのだ。

このことは、同じようにステージ2のホンソメにも当てはまるだろう。ホンソメに「わかった」瞬間がある場合は、それまでは鏡像の得体が知れず、ずっとあった不安が、その瞬間を境に、以下のように変わると期待される。

④不安であった精神状態が、ユーリカの瞬間に一気に平常心に戻るだろう。
(得体の知れなかった鏡像が何かがわかり、不安要因がなくなったから)
⑤手につかなかった日常の行動が、その瞬間の後は平常時レベルになるだろう。
(④と同じ理由)

今回の課題は、「得体の知れない鏡像の正体が、誰なのかがわかった」のだから、わかって不安要因がなくなった後はおそらく安心し、精神状態は平常時に戻るだろう。もしこの瞬間に④と⑤が一気に変われば、「わかった」の瞬間があること示す強い証拠になる。これに対し、鏡像の認識がユーリカではなく、徐々にわかっていくのなら、これら④と⑤の精神状態や日常行動も、ステージ2の間に徐々に変化するはずである。これが仮説から導かれる予想である。

†「ひらめく」10秒間

そこで9個体のホンソメを使って調べてみた。その結果は、どうやら私の睨んだとおり、わかる瞬間がありそうなのだ（淡々と書いているが、それこそこっちが毎日「アッ、そうなのか！」の連続状態であった）。実際のビデオ解析をしてくれたのは十川さんと4回生の中井優太君である。ビデオを何回も繰り返して見てみると、ステージ2の終わりに、鏡の前で急な大きい動きが10秒ほど、長くても20秒続き、その直後から確認行動が一切見られなくなったのである。感情移入が過ぎるかもしれないが、ホンソメがいかにも「ユーリカ！」と叫んでいそうな瞬間である。

この実験では、はじめから喉に寄生虫に似たマークがつけてあった。「その瞬間」まではまったく喉マーク擦りをしなかったが、その直後（最短2分後）から喉擦りを始めたのだ。これは「その瞬間」に自分であることを認識した証拠である。やはり、この10秒少しほどの間が、「あーっ、俺なのか！」、と思う瞬間のようだ。

さらに、このユーリカ仮説は、ホンソメの遊泳速度と摂餌頻度からも支持されそうだ（図7-2）。その瞬間までは速かった遊泳速度が、その瞬間からガクンと下がり、ゆっくくりとした平常の遊泳速度に戻ったのである。この変化はそのときを境に、それこそ瞬間的に一気に起こる。決して徐々に平常の速度に戻ったのではない。これも予想どおりであり、ユーリカ仮説を支持する。また、餌を食べる頻度もその瞬間までは低いのだが、その瞬間の後は一気にふだんの摂餌頻度に戻った。これもユーリカ仮説を支持する。決して徐々に徐々に戻っているのではない。

これらのことは、ある種の緊張状態が、その瞬間に平常心に戻っていることを示すと考えられる。その瞬間までは、鏡像を得体の知れない何者かと考えて不安な状態であったのが、それが自分であると気づき、それ以降、彼らは納得したのである。

このように、①~⑤のすべての予想が検証され、ユーリカ仮説を支持する結果になった。さらに、「その瞬間」があるということは、それまでの間、きっとホンソメは「こいつは誰やねん?」と深く考え、悩んでいたのである。やはり、ホンソメが鏡像を自分だと気づく瞬間は、本人がそれまで考えもしなかったことを発見し、確信を持ってわかった瞬間だったと思われる。ひらめいた瞬間である。このとき、ホンソメは鏡像が何であるかを真剣に考え、そして理解し、納得したのだと思われる。

思考はふつう言語と密接に結びつくとされている。だから、言語をもたない動物は思考ができないと見なされてきた。しかし、ホンソメが見せる「ユーリカ」は、魚類が思考の末に自分だと理解した瞬間と言えそうであり、この例は言語を持たない動物も、思考ができる可能性を示している。言葉を持たない鳥のカケスも、過去を振り返ることや、将来のことを思い描くことができる。

†比較研究の可能性

自己意識の視点に戻ってみよう。「これは俺だ」とわかった瞬間を境に、確認行動を止め、喉擦りが始まる。これは、自己認識したことを、自分でわかっているからこそ、次の新たな行動に移れるのである。そうだとすると、ここでの認識は内省的自己認識である可能性も考えられそうだ。

ホンソメ以外にも、類人猿、ゾウ、イルカ、シャチ、ウマ、さらにカササギや最近報告されたイエカラス、ハシボソカラスも鏡像自己認知の課題をクリアしている。これらの動物が、どのように自己認識をするのか、比較研究に発展させることができる。おそらく、ホンソメのように、「わかった！（ユーリカ！）」が、ほとんどの動物で見られるだろうと、私は踏んでいる。これこそが、脊椎動物に広く見られる、新しい物事に対するほんとうの理解のやり方なのだろう。物事の理解という点においても、動物は今まで思われている以上に、ヒトに近いようである。

この話はまだ予備実験の段階ではあるが、魚類どころか動物すべてを見ても、このような「ユーリカ」研究は世界中のどこにもない。こんなことを熱っぽく書いていると、「幸田もついにおかしくなったか」と言われそうだが、たぶん大丈夫だと思います。

現在のところ、ユーリカ研究は脳神経科学との関連で行われており、その研究対象はヒトに限られている。こんなことはヒトでしか起こらないと見なされているからだ。それらの脳神経科学の研究が探っているのは、人間特有の創造性や芸術的発想が、脳のどこでどのようにして生まれるのか、という点である。

デカルト以降、ヒトは動物とは異なる存在であるとして、ヒトにしかできないいろいろなことが数え上げられてきた。道具使用、遊び、思考、洞察、心の理論、自己意識、将来計画、笑い、言語など多数あるが、これらは次々と崩され、また崩されつつある。なかでも物事の発見、創造性やひらめきは、動物にはできないヒトだけが持つ特質の最後の砦の一つであった。いまやこの砦も怪しくなりそうだ。今後の実験結果が楽しみである。

終わりに

子供のころから、動物の行動や進化にとても興味があった。最も影響を受けた本は、小学校4年生のときに母に買ってもらった、バージニア・リー・バートンの古典的絵本『せいめいのれきし』である。これが生物の進化に興味を持つきっかけになったし、今でもその挿絵の多くは頭に残っている。

多くの動物学者と同じように、子供のころは近くの田んぼや草原、ため池、小川で虫採りや魚つりの日々を過ごした。小学校高学年になっても、時間があると行く。行けば必ず何か面白いことが見つかるし、見つけるのは誰よりも得意だった。中学3年生のときには、将来は、生きた動物を研究する学者になると決めていた。

大学では、動物行動学に立脚し、魚のモデルを使った魚類の攻撃行動の研究を行った。「北辰（北極星）斜めにさす」南国は鹿児島でのセダカスズメダイの研究については第一章で述べた。鹿大での卒業研究が私のはじめての研究だったが、これが実に面白かった。

しかし、霊長類やヒトの行動を研究したく、愛知県犬山市にある京都大学霊長類研究所（霊長研）で修士課程を過ごす。その裏山の日本モンキーセンターには当時80種の霊長類がおり、およそ30種が毎年繁殖していた。そのうち社会構成が自然群に近い20種を対象に、新生児に対する群の他個体による世話行動（アロマザリング）の進化、つまり霊長類の協同繁殖の進化に関する比較研究を行なった。このころは、朝から晩まで霊長研に住み込んでいたようなものだった。この2年間、霊長研にどっぷり浸かった日々の、あるいはお酒を飲んでの研究談義が、今から思うと私のその後の研究に大きな重みを持つことになる。

しかし、アフリカのタンガニイカ湖で独自に進化したシクリッド科魚類をどうしても見たくなり、その後また所属を移すことになる。博士課程では、京都大学理学部の川那部さん（川那部（かわなべ）浩哉（ひろや）教授）の動物生態学研究室の院生になる（してもらう）。まるで海のような様々な生活型の魚たちに進化（＝適応放散）した、憧れのシクリッドたちとダイビングで泳ぐのである。夢のような時間であり、その様々な水中の光景は、今でも脳裏に焼き付いている。

その後は大阪市立大学の動物社会学研究室の助手として、サンゴ礁やタンガニイカ湖の熱帯魚の行動生態学や動物社会学の野外研究にはまり込む。このころ、魚の行動の複雑さや合目的性、賢さを再認識することになる。サルとそれほど変わらないではないか。多くの魚は、人間臭くかなり物事がわかっているとの実感が強くなる。単純な刺激に対する反応では到底説明できないことばかりだった。

そして、また転機が訪れる。50歳のとき病気を患い、以降、潜水調査が制限された。そこで魚類を実験室で水槽飼育し、様々な認知に関する研究を幅広く行っていくことになる。よかった点のひとつは、私が対象魚を既に野外で観察しており、その行動、習性、生態をよく知っていたことだ。この一連の水槽実験から、魚の推移的推察、様々な顔認識研究、鏡像自己認知研究などを行い、さらには研究室の院生らが主体的に行った魚類の向社会性や共感性、さらに同情の実験研究もなされた。

いずれの研究も着想が相当に非常識であり、その結果、自分で言うのも何なのだが、世界でも前例がない極めて独創性の高いものばかりとなっている。研究をすれば、その結果がこれまでの動物行動学や動物心理学の常識を次々と覆していくことになった。本書の第四、五、六章では、鏡像自己認知実験の行程を追体験していただいた。これらの研究を通して、これまでの常識と異なる、魚類の認知が次々と明らかになった。当然、霊長類や哺乳類との比較検討や進化的起源の考察なしにはすまされない。このあたりも楽しんでいただけたかと思う。

幼いころからの「動物の行動や進化を扱う研究者になる」との思いは、少しもぶれなかったが、最初は魚の研究を志し、修士課程ではヒトやサルに転向し、博士課程からまた魚に戻った。こうして見ると、研究の中身と対象動物についてはブレまくりの人生だった。しかし、結果的にではあるが、案外これがよかったと思っている。このブレぶりが、魚を対象にした鏡像自己認知と、そして魚の自己意識というこれまでにない奇抜なテーマに結びついたように思う。もし魚だけを研究していたら、あるいはサルだけを研究していても、こんな研究テーマには繋がらなかっただろう。

本書の主な内容も振り返っておこう。

ホンソメワケベラという10㎝もない小さな熱帯魚が、鏡で自己の顔を覚え、そのイメージに基づいて鏡像自己認知を行っていることが、明らかになった。そのやり方はヒトとほぼ同じなのである。つまり、小さな魚とヒトで、自己認識という高次認知とその過程までもがよく似ていたのだ。こんなことをこれまで誰が予想しただろうか。

似ているという現象が生物で見られたとき、大きく2つの場合がある。1つは、その起源は異なるが、たまたま似た形質に収斂進化したという場合（相似性）と、もう1つはその起源が同じであるという場合（広い意味での相同性）である。では、魚とヒトの自己認識における類似性は、どちらだろうか。どちらであっても面白いのだが、脳神経科学の最近の成果、魚とヒトの顔認知様式の詳細に至るまでの類似性を考えると、私は、相同性の面がむしろ強いと考えている。すると、4億年前の古生代で、硬骨魚類に自己認識や他者認識能力、自己意識が進化し、それらの能力は陸上脊椎動物とヒトに引き継がれた、という筋書きが導かれる。「こころ」の起源は、魚にまで遡る可能性があるのだ。

しかし、この考えは、現代の常識とは真逆である。この考えは本書では、「顔認識相同仮説」や「自己意識相同仮説」という仮説として提案している。これらの挑戦的な仮説は検証可能である。もちろん間違っているかもしれないが、その正しさはいずれ確かめられるだろう、と私は思っている。

これらの仮説への強い反論は、主に欧米の年配研究者から出ることだろう。これまで築いてきた人間中心の価値観や常識とはまったく異なるからである。しかし、魚類の認知研究（＝賢さの研究）は、ギリシャ哲学の時代はもちろん、デカルト、近世西洋哲学、そしてダーウィン、つい最近の動物行動学に至るまで、これまでまともに行われたことはただの一度もなかった。つまり、魚のほんとうの賢さについては、我々はこれまで誰一人、何も知らなかったのである。いよいよ人間中心の従来の世界観を見直す時期が来ているのかもしれない。

この本の執筆のきっかけは、筑摩書房の藤岡美玲さんが研究室に来られ、執筆の話を持ちかけられたことから始まる。校閲をはじめ大変お世話になったし、何せ締め切りの期限を何度も延ばしていただいた。お礼を申し上げたい。

本書に挙げた魚類の認知研究は、研究室の数多くの学生・院生の諸氏に実際の実験を行っていただいた。一人一人のお名前を挙げる余裕はないが、ここにお礼を申し上げる。特に、タンガニイカ湖のシクリッドの協同繁殖で学位をとった田中宏和（たなかひろかず）さんは、はじめてプルチャーの顔認識実験を手掛けてくれた院生であり、その後ホンソメの水槽観察もしてくれた。タンガニイカ湖での調査でも忘れられない思い出がたくさんある。彼とは、研究室でも、アフリカの現地でもよく飲んだ。飲めばいつも面白い研究の話題で盛り上がった。いつもである。しかし、留学先のスイスのベルンで帰らぬ人となった。今でも悲しく、悔しく、ほんとうに残念である。

最後になったが、すぐに散らかってしまう書斎をいつも掃除してくれ、早朝から夜遅くまで家のことを放り出して、好きなだけ研究をやらせてくれた妻の嘉美にも感謝したい。

幸田　正典

参考文献

○第一章

幸田正典（2010）4章「社会」22章「なわばり」塚本勝巳編者『魚類生態学の基礎』恒星社厚生閣

滋野修一・野村真・村上安則（2018）『遺伝子から解き明かす脳の不思議な世界――進化する生命の中枢の5億年』一色出版

篠塚一貴・清水透（2015）「情動脳の進化：さまざまな動物の脳の比較」渡辺茂・菊水健史編『情動の進化――動物から人間へ』朝倉書店

中村哲之（2013）『動物の錯視――トリの眼から考える認知の進化』京都大学学術出版会

藤田哲也（1997）『ゲノムから進化を考える4　心を生んだ脳の38億年』岩波書店

村上安則（2021）『脳進化絵巻――脊椎動物の進化神経学』共立出版

○第二章

竹原卓真、野村理朗（2004）『「顔」研究の最前線』北大路書房

Wang, MY, Takeuchi H.（2017）"Individual recognition and the 'face inversion effect' in medaka fish (*Oryzias latipes*)", eLife. https://doi.org/10.7554/eLife.24728.001

Saeki, Sogawa, Hotta, Kohda（2018）"Territorial fish distinguish familiar neighbours individual-

ly", *Behaviour*, 155: 279–293.
Kawasaka, Hotta, Kohda (2019) "Does a cichlid fish process face holistically? Evidence of the face inversion effect", *Animal Cognition*, 22: 153–162.

○第三章

板倉昭二（1999）『自己の起源――比較認知科学からのアプローチ』金子書房
苧阪直行編（2014）『自己を知る脳・他者を理解する脳――神経認知心理学からみた心の理論の新展開』新曜社
ジュリアン・ポール・キーナン他（2006）『うぬぼれる脳』山下篤子訳、ＮＨＫブックス
アントニオ・ダマシオ（2018）『意識と自己』田中三彦訳、講談社学術文庫
リチャード・ドーキンス（2007）『神は妄想である――宗教との決別』垂水雄二訳、早川書房
トッド・Ｅ・ファインバーグ、ジョン・Ｍ・マラット（2017）『意識の進化的起源――カンブリア爆発で心は生まれた』鈴木大地訳、勁草書房
トッド・Ｅ・ファインバーグ、ジョン・Ｍ・マラット（2020）『意識の神秘を暴く――脳と心の生命史』鈴木大地訳、勁草書房
Gallup, G. G. Jr. (1970) "Chimpanzees: Self-Recognition", *Science*, 167: 86–87.

○第四章
桑村哲生（2004）『性転換する魚たち――サンゴ礁の海から』岩波新書
藤田和生（1998）『比較認知科学への招待――「こころ」の進化学』ナカニシヤ出版
Kohda et al.（2019）"If a fish can pass the mark test, what are the implications for consciousness and self-awareness testing in animals?", *PLoS Biology* 17: e300002

○第五章
ブレイスウェイト（2012）『魚は痛みを感じるか？』高橋洋訳、紀伊國屋書店
de Waal FBM（2019）"Fish, mirrors, and a gradualist perspective on self-awareness", *PLoS Biology*, 17: e3000112.
Gallup, G. G. Jr. & Anderson, JR.（2020）"Self-recognition in animals: Where do we stand 50 years later? Lesson from cleaner wrasse and other species", *Psychology of Consciousness*, 7: 46–58.

○第六章
浅場明莉（2017）『自己と他者を認識する脳のサーキット』共立出版
嶋田総太郎（2019）『脳のなかの自己と他者――身体性・社会性の認知脳科学と哲学』共立出版

○第七章
池田譲（2011）『イカの心を探る――知の世界に生きる海の霊長類』ＮＨＫブックス
板倉昭二（2006）『「私」はいつ生まれるか』ちくま新書
山鳥重（2002）『「わかる」とはどういうことか――認識の脳科学』ちくま新書
山鳥重（2018）『「気づく」とはどういうことか――こころと神経の科学』ちくま新書

ちくま新書
1607

魚(さかな)にも自分(じぶん)がわかる
――動物認知研究(どうぶつにんちけんきゅう)の最先端(さいせんたん)

二〇二一年一〇月一〇日　第一刷発行

著者　幸田正典(こうだ・まさのり)

発行者　喜入冬子

発行所　株式会社 筑摩書房
東京都台東区蔵前二-五-三　郵便番号一一一-八七五五
電話番号〇三-五六八七-二六〇一（代表）

装幀者　間村俊一

印刷・製本　株式会社 精興社

ISBN978-4-480-07432-4 C0245

ちくま新書

1566 ダイオウイカ vs. マッコウクジラ ——図説・深海の怪物たち　北村雄一
海の男たちが恐怖したオオウミヘビや日本の漁船が引きあげたニューネッシーの正体は何だったのか。深海に蠢く奇々怪々な生物の姿と生態を迫力のイラストで解説。

1317 絶滅危惧の地味な虫たち ——失われる自然を求めて　小松貴
環境の変化によって滅びゆく虫たち。なかでも誰もが注目しないやつらに会うために、日本各地を探訪する。果たして発見できるのか？　虫への偏愛がダダ漏れ中！

1425 植物はおいしい ——身近な植物の知られざる秘密　田中修
季節ごとの旬の野菜・果物・穀物から驚きの新品種、香りの効能、認知症予防まで、食べる植物の「すごい」「おもしろい」「ふしぎ」な話題を豊富にご紹介します。

1203 宇宙からみた生命史　小林憲正
生命誕生の謎を解き明かす鍵は「宇宙」にある。惑星探索や宇宙観測によって判明した新事実と、従来の化学進化的プロセスをあわせ論じて描く最先端の生命史。

339 「わかる」とはどういうことか ——認識の脳科学　山鳥重
人はどんなときに「あ、わかった」「わけがわからない」などと感じるのか。そのとき脳では何が起こっているのだろう。認識と思考の仕組みを説き明す刺激的な試み。

1321 「気づく」とはどういうことか ——こころと神経の科学　山鳥重
「なんで気づかなかったの」など、何気なく使われるこの言葉を手掛かりにこころの不思議に迫っていく。注意力が足りない、集中できないとお悩みの方に効く一冊。

434 意識とはなにか ——〈私〉を生成する脳　茂木健一郎
物質である脳が意識を生みだすのはなぜか？　すべてを感じる存在としての〈私〉とは何ものか？　人類に残された究極の問いに、既存の科学を超えて新境地を展開！